Laserbasierte Herstellung nanokeramischer Verschleißschutzschichten auf temperaturempfindlichen Substraten

Von der Fakultät für Maschinenwesen
der Rheinisch-Westfälischen Technischen Hochschule Aachen
zur Erlangung des akademischen Grades eines
Doktors der Ingenieurwissenschaften
genehmigte Dissertation

vorgelegt von

Dominik Christopher Hawelka

Berichter:

Univ.-Prof. Dr. rer. nat. Peter Loosen
Univ.-Prof. Dr.-Ing. Dr.-Ing. E.h. Dr. h. c. Dr. h. c. Fritz Klocke

Tag der mündlichen Prüfung: 7. November 2014

ERGEBNISSE AUS DER LASERTECHNIK

Dominik Hawelka

Laserbasierte Herstellung nanokeramischer Verschleißschutzschichten auf temperaturempfindlichen Substraten

Bibliografische Information der Deutschen Nationalbibliothek
Die Deutsche Nationalbibliothek verzeichnet diese Publikation in der Deutschen Nationalbibliografie; detaillierte bibliografische Daten sind im Internet über http://dnb.ddb.de abrufbar.

Dominik Hawelka:

Laserbasierte Herstellung nanokeramischer Verschleißschutzschichten auf temperaturempfindlichen Substraten

1. Auflage, 2015

Gedruckt auf holz- und säurefreiem Papier, 100% chlorfrei gebleicht.

Apprimus Verlag, Aachen, 2015
Wissenschaftsverlag des Instituts für Industriekommunikation und Fachmedien an der RWTH Aachen
Steinbachstr. 25, 52074 Aachen
Internet: www.apprimus-verlag.de, E-Mail: info@apprimus-verlag.de

Druck: KN Digital Printforce GmbH, Stuttgart

ISBN 978-3-86359-307-0

D 82 (Diss. RWTH Aachen University, 2014)

Danksagung

Die vorliegende Arbeit entstand neben meiner Tätigkeit als wissenschaftlicher Mitarbeiter am Fraunhofer Institut für Lasertechnik ILT in Aachen. An dieser Stelle möchte ich mich bei allen bedanken, die zum Gelingen der Arbeit beigetragen haben.

Herrn Prof. Dr. rer. nat. Peter Loosen danke ich für die Überlassung des Themas und die Betreuung der Arbeit. Herrn Prof. Dr.-Ing. Dr.-Ing. E.h. Dr. h.c. Dr. h.c. Fritz Klocke danke ich für die Übernahme des Korreferats und Herrn Prof. Dr.-Ing. Robert Pitz-Paal danke ich für die Übernahme des Prüfungsvorsitzes.

Mein besonderer Dank gilt meinem Kompetenzfeldleiter Herrn Dr. rer. nat. Konrad Wissenbach, in dessen Abteilung ich schon während meiner Zeit als studentischer Mitarbeiter und Diplomand umfangreiche Erfahrung sammeln konnte, sowie meinem Gruppenleiter Dr.-Ing. Jochen Stollenwerk für Ihre jederzeit hilfsbereite Art und sehr konstruktiven Anmerkungen.

Meinen langjährigen Bürokollegen Gesa Rolink, Sebastian Heidrich und Lucas Jauer sowie meinen Gruppenkollegen Christian Vedder, Carsten Johnigk, Melanie Meixner, Susanne Wollgarten, Philipp Lott, und Hendrik Sändker danke ich für die schöne Arbeitsatmosphäre und die vielen hilfreichen Anregungen.

Darüber hinaus gilt mein besonderer Dank meinen studentischen Hilfskräften sowie Diplom-, Bachelor- und Masterarbeitern, insbesondere Dave Sircar, Lasse Büsing, Daniel Heussen, Natalia Caparroz, Alexander Ibach, Beatrix Blank und Jonas Abels und Jan Kirchhof, ohne deren wertvolle Arbeit die Erstellung der vorliegenden Dissertation neben den zahlreichen Forschungs- und Industrieprojekten nicht in der Qualität möglich gewesen wäre.

Darüber hinaus Danke ich von ganzem Herzen meiner Mutter Gaby Apostel-Hawelka und meinem Vater Peter Hawelka für die langjährige finanzielle und mentale Unterstützung während meiner Studienzeit sowie meiner ganzen Familie, insbesondere meiner Großmutter Traute Hawelka und allen Freunden, die mir während der letzten Jahre geholfen haben, das Wesentliche nicht aus den Augen zu verlieren.

Schließlich möchte ich ganz besonders meiner Freundin Marta für den nicht selbstverständlichen, unermüdlichen Beistand in der anstrengenden und finalen Phase der Erstellung der Arbeit danken.

Aachen im November 2014 Dominik Hawelka

Inhalt

1	**Ausgangssituation, Zielsetzung und Vorgehensweise**	**1**
2	**Stand von Wissenschaft und Technik**	**7**
2.1	Bedarf an Verschleißschutzkonzepten	7
2.2	Herstellungsverfahren verschleißfester Dünnschichten	7
2.3	Kurzzeit-Temperaturbehandlungen	14
2.4	Zirkoniumdioxid (ZrO_2)	18
2.5	Sol-Gel-Verfahren zur Herstellung oxidkeramischer ZrO_2-Schichten	19
2.6	Zwischenfazit – Stand der bisherigen Arbeiten	23
2.7	Defizite des derzeitigen Stands der Technik und Innovationsaspekte der Arbeit	25
3	**Physikalische und werkstoffkundliche Grundlagen**	**27**
3.1	Anlasstemperatur des 100 Cr 6 Stahls	27
3.2	Deposition des Beschichtungsmaterials	32
3.3	FEM-Simulation laserinduzierter Temperaturverteilungen	34
3.3.1	Vorgehensweise	35
3.3.2	Inverses Verfahren zur Ermittlung optischer Eigenschaften	37
3.3.3	Erstellung Wärmeleitungsmodell und Lösung der Wärmeleitungsgleichung	51
3.3.4	Verifikation des Wärmeleitungsmodells und Kurzzeit-Temperaturbehandlung des beschichteten Stahls	55
3.4	Untersuchung des Einflusses laserbasierter Kurzzeit-Temperaturbehandlungen auf die Sol-Gel-Schichten	65
3.4.1	Versuchsbeschreibung	65
3.4.2	Eingesetzte Lasertechnik und Bearbeitungsstrategie	66
3.4.3	Ergebnis	67
3.5	Fazit	75
4	**Verfahrensentwicklung**	**77**
4.1	Versuchsstand und Bearbeitungsstrategie	77
4.2	FEM-Simulationen zur Eingrenzung des Parameterbereichs	79

4.2.1 Verwendung kontinuierlicher Laserstrahlung 80
4.2.2 Verwendung gepulster Diodenlaserstrahlung 82
4.3 Ergebnisse und Diskussion 87
4.3.1 Abgleich der Ergebnisse mit den laserinduzierten Temperaturverteilungen 96
4.3.2 Untersuchung des Einflusses der Maximaltemperatur sowie Aufskalierbarkeit der Flächenrate 97
4.3.3 Einfluss der Prozessatmosphäre 99
4.3.4 Zwischenfazit 101
4.4 Herstellung von Mehrschichtstapeln und mechanische Charakterisierung 103
4.4.1 Zielstellung und Herausforderung 103
4.4.2 Entwicklung einer Systematik zur Herstellung von Mehrschichtstapeln 104
4.4.3 Mechanische Charakterisierung der Mehrschichtstapel 107
4.4.4 Fazit 111

5 Untersuchung der Einzelprozesse zur Abbildung der Prozesskette des Inline-Beschichtungs-Verfahrens 113
5.1 Detailbeschreibung des Inline-Beschichtungsverfahrens 113
5.2 Schritt 2: Laserbasierte Trocknung 113
5.2.1 Vorgehensweise 113
5.2.2 Ergebnisse und Diskussion 114
5.3 Schritt 1: Druckverfahren 123
5.3.1 Vorgehensweise 123
5.3.2 Anlagentechnik und Bearbeitungsstrategie 123
5.3.3 Ergebnisse 125

6 Zusammenfassung und Ausblick 129

7 Anhang 133
7.1 Deposition von Sol-Gelen 133
7.2 Trocknung nasschemisch aufgebrachter Sol-Gel-Schichten 136
7.3 Optische Eigenschaften von ZrO_2 142
7.4 Eingesetzte Analyseverfahren 144
7.4.1 Kalottenschleifverfahren 144
7.4.2 Nanoindentation 145
7.4.3 Röntgendiffraktometrie unter streifendem Einfall 147
7.4.4 Weißlichtinterferometrie 149
7.4.5 UVVISNIR-Spektrometrie 151

7.5	Transmission und Reflexion von Schichtstapeln	153
7.6	Parametrisierung der dielektrischen Funktion für die Ermittlung der Absorptionseigenschaften	158
7.7	Thermophysikalische Eigenschaften des 100 Cr 6 Stahls	161
7.8	Charakterisierung der verwendeten Laserstrahlquellen	161
8	**Formelzeichen und Abkürzungen**	**164**
9	**Literaturverzeichnis**	**169**

1 Ausgangssituation, Zielsetzung und Vorgehensweise

Steigende Anforderungen an mechanisch hoch belastete Werkzeug- und Maschinenkomponenten erfordern in zunehmendem Maße innovative Oberflächenvergütungsverfahren, da die Anforderungen oftmals die Leistungsgrenzen des jeweiligen Grundwerkstoffs übersteigen. Die Lösung besteht in diesen Fällen in der Regel in performancesteigernden Verschleißschutzschichten auf der belasteten Komponentenoberfläche. In massenmarktgetriebenen Branchen wie der Automobilindustrie kommen mit Blick auf die teilweise hohen Stückzahlen im Bereich einiger Millionen pro Jahr zu den funktionalen Anforderungen jedoch harte Bedingungen in Bezug auf die Wirtschaftlichkeit der eingesetzten Beschichtungsverfahren hinzu. Etablierte Vakuumbeschichtungsverfahren wie beispielsweise die PVD-Verfahren stellen aufgrund der hohen Investitionskosten und der oftmals erforderlichen chargenweisen Beschichtung einen maßgeblichen Kostentreiber dar.

Nasschemische Beschichtungsverfahren wie das Sol-Gel-Verfahren erweisen sich aufgrund des vergleichsweise geringen apparativen Aufwands daher als vielversprechende Alternative und sind in einigen Bereichen bereits etabliert (z.B. Antireflexbeschichtungen auf Glas). Der mögliche Einsatzbereich dieser Verfahren wird jedoch durch die nach der Deposition des Materials erforderliche thermische Nachbehandlung (Temperaturen teilweise > 1000 °C) stark eingeschränkt. Die Beschichtung von temperaturempfindlichen Substraten ist auf diesem Weg daher bisher nicht möglich.

Thermische Kurzzeitbehandlungsverfahren (Rapid Thermal Annealing) werden insbesondere in der Elektronikbranche verbreitet eingesetzt, um ungewünschte Prozesse bei der Produktion integrierter Schaltkreise durch kurze Temperaturhaltezeiten zu unterbinden. Dabei etablierte Technologien wie das Blitzlampentemperung (engl., Flash Lamp Annealing) weisen aufgrund des ineffektiven Energieeintrags einen hohen Energiebedarf auf und stellen im Vergleich zu einem Laserverfahren nur eine geringe Flexibilität hinsichtlich der Gestaltung der Temperatur-Zeit-Zyklen zur Verfügung. Laserbasierte Verfahren bieten durch die sowohl zeitlich als auch örtlich hoch präzise Steuerbarkeit der Laserstrahlung hinsichtlich der Temperaturführung erheblich mehr Freiheitsgrade, die zur Reduzierung der thermischen Belastung des Substratmaterials und gezielten Einstellung der Schichteigenschaften genutzt werden können.

Übergeordnetes Ziel der vorliegenden Arbeit ist die Entwicklung eines laserbasierten Inline-Beschichtungsverfahrens zur Erzeugung keramischer Verschleißschutzschichten auf temperaturempfindlichen Substraten am Beispiel von vergütetem 100 Cr 6-Stahl. Dieses Verfahren soll aufgrund seiner Ressourceneffizienz und Inline-Fähigkeit eine kostengünstige Alternative zu kostenintensiven Vakuumbeschichtungsverfahren darstellen. Das Verfahrenskonzept basiert auf der Kombination des Sol-Gel-Verfahrens zur Herstellung dünner Schichten auf Basis von Zirkoniumdioxid (ZrO_2) mit einem laserbasierten Verfahren zur thermischen Nachbehandlung (Bild 1-1).

Bild 1-1

Schematische Darstellung der Prozessschritte des zu entwickelnden laserbasierten Beschichtungs-verfahrens

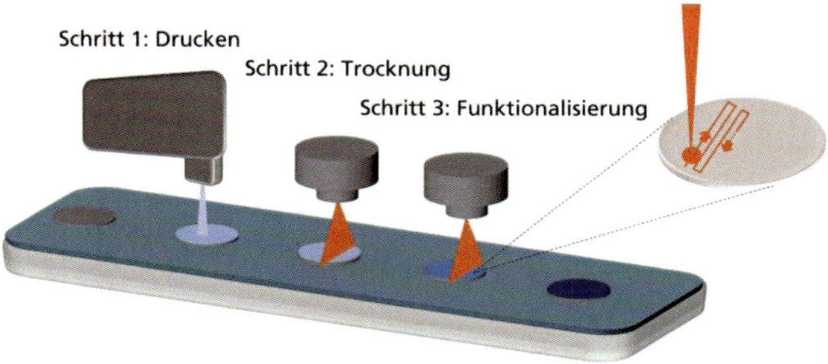

Die Umsetzung des Verfahrens erfolgt mit Hilfe eines neu entwickelten Sol-Gel-Materials zur Herstellung ZrO_2-basierter Schichten. Die funktionalisierten Schichten sollen zur Steigerung der Verschleißfestigkeit der beschichteten Stahloberflächen führen. Dabei muss die Funktionalisierung der Schichten bei gleichzeitiger Minimierung der thermischen Belastung des vergüteten 100 Cr 6 Stahlsubstrats erfolgen. Dieses soll durch Verwendung gepulster Diodenlaserstrahlung im NIR gelingen. Darüber hinaus wird die Energieeinkopplung in das Beschichtungsmaterial durch Zugabe von Absorberadditiven erhöht. Schwerpunkt der vorliegenden Arbeit ist die Untersuchung des Zusammenhangs zwischen den für die Funktionalisierung der Schichten erforderlichen Schichtstrukturänderungen und den laserinduzierten Temperaturverteilungen. Da die Erarbeitung dieser die Funktionalisierung (Schritt 3 in Bild 1-1) betreffenden Punkte essentiell für die Realisierung des zu entwickelnden Beschichtungsverfahrens ist, werden diese im Hauptteil der Arbeit losgelöst von der selektiven Deposition (Schritt 1 in Bild 1-1) und der laserbasierten Trocknung (Schritt 2 in Bild 1-1) betrachtet. Die als Ausgangspunkt für diese Untersuchungen benötigten getrockneten Schichten werden daher zunächst mittels Rotationsbeschichtungsverfahren deponiert und in einem Ofen getrocknet.

Die Entwicklung der Verfahren zur selektiven Deposition und laserbasierten Trocknung erfolgt in dem abschließenden Kapitel zur Untersuchung der Einzelprozesse für die Abbildung der vollständigen Prozesskette.

Vor diesem Hintergrund werden im Rahmen der Arbeit schwerpunktmäßig folgende Ziele verfolgt:

- Ein neu entwickeltes Sol-Gel-Material soll erstmals mittels Laserverfahren getrocknet und funktionalisiert werden und somit die Herstellung oxidkeramischer Verschleißschutzschichten auf Basis von Zirkoniumdioxid (ZrO_2) auf vergütetem 100 Cr 6-Stahl ermöglichen.

- Der Zusammenhang zwischen den Laserverfahrensparametern und den für die Steigerung der Abrasionsfestigkeit erforderlichen Schichtstrukturänderungen soll untersucht werden.

- Die zur Bewirkung dieser Prozesse erforderlichen Charakteristiken der Temperatur-Zeit-Verteilungen sollen identifiziert werden.

- Die hergestellten Schichten sollen durch Härten > 1000 HV[1] zur Steigerung der Abrasionsfestigkeit der beschichteten Stahlsubstrate führen.

- Dabei soll die Erreichbarkeit industriell relevanter Flächenraten von 1 cm^2/s aufgezeigt werden.

- Die Abbildung der vollständigen Prozesskette des Inline-Beschichtungsverfahrens soll durch Realisierung eines inline-fähigen Depositionsverfahrens zur Erzeugung selektiver Beschichtungen (Pipejet-Dosierverfahren) und eines laserbasierten Verfahrens zur Trocknung der deponierten Schichten erfolgen.

Diese Ziele sollen durch die in Bild 1-2 dargestellte Vorgehensweise erreicht werden.

[1] Die Härten dünner Schichten werden im Rahmen der Arbeit mit dem Indentationshärteprüfverfahren zur Messung der Eindringhärte H_{IT} ermittelt. Zur besseren Vergleichbarkeit erfolgt die Angabe der Härtewerte in der im Zusammenhang mit mechanischen Eigenschaften vergüteter Stähle üblichen Größe Vickershärte. Der Zusammenhang wird im Anhang in Kapitel 7.4.2 erläutert.

Bild 1-2

Schematische Darstellung der im Rahmen der Arbeit verfolgten Vorgehensweise

Zunächst erfolgt die Ermittlung der durch das Substrat- und das Beschichtungsmaterial an die zu erzeugende Temperaturverteilung gestellten Randbedingungen. Dies beinhaltet die Bestimmung der optischen Eigenschaften des Schicht- und Substratmaterials sowie die Untersuchung temperaturabhängiger Gefügeveränderungen in dem zu beschichtenden 100 Cr 6-Stahl. Die von den Stahlsubstrateffekten separierte Untersuchung der Schichtstrukturveränderungen in Abhängigkeit laserbasierter Temperaturbehandlungen erfolgt anhand der Applikation der Beschichtung und des Laserverfahrens auf Quarzglassubstraten. Aufgrund der fehlenden Absorption der Quarzglassubstrate im NIR muss dabei Laserstrahlung mit deutlich höherer Intensität als für die Laserbehandlung der beschichteten Stahlsubstrate eingesetzt werden. Um dennoch Erkenntnisse für die Entwicklung des Verfahrens auf dem 100 Cr 6-Stahl zu gewinnen, sollen die

Schichtstrukturveränderungen in Abhängigkeit der erzeugten Temperaturen analysiert werden.

Die Kenntnis der optischen Eigenschaften ermöglicht die Berechnung der Absorptionsanteile der Schicht und des Substrats sowie die Erstellung von Wärmeleitungsmodellen für die beschichteten Quarzglas- und Stahlsubstrate. Auf Basis dieser Wärmeleitungsmodelle werden die an der Oberfläche der beschichteten Quarzglassubstrate induzierten Temperaturverteilungen mit Hilfe der Finite-Elemente-Methode berechnet. Schließlich wird so der zielführende Laserverfahrensparameterbereich für die Laserbehandlung der beschichteten Stahlsubstrate modellbasiert identifiziert. Im Rahmen der experimentellen Verfahrensentwicklung erfolgt die Analyse der Nanostruktur sowie der mechanischen Eigenschaften laserbehandelter Schichten. Dies ermöglicht die Untersuchung der Korrelation zwischen der Nanostruktur und den mechanischen Eigenschaften und damit die Identifizierung der im Rahmen der laserbasierten Funktionalisierung bewirkten Schichtstrukturänderungen. Den Kern der Arbeit stellt die im Anschluss erfolgende Untersuchung der Korrelation zwischen den Charakteristiken der laserinduzierten Temperaturverteilungen auf der einen und der Nanostruktur der Schichten auf der anderen Seite dar. Dabei wird die FEM-basierte Simulation der Temperaturverteilungen dazu genutzt, experimentell nicht messbare Größen wie die Temperaturhaltezeit zu ermitteln und so ein fundiertes Prozessverständnis zu gewinnen. Abschließend erfolgt durch Entwicklung des Dosierverfahrens zur Erzeugung lokal begrenzter Schichten sowie die Entwicklung des Laserverfahrens zur Trocknung der Schichten die Untersuchung der Einzelprozesse zur Abbildung der gesamten Prozesskette des inline-Beschichtungsverfahrens.

2 Stand von Wissenschaft und Technik

2.1 Bedarf an Verschleißschutzkonzepten

Der durch Verschleiß und Korrosion verursachte volkswirtschaftliche Schaden stellt ein erhebliches Problem in den Industrienationen dar. Bereits im Jahr 1987 stellte das Bundesministerium für Forschung und Technologie fest, dass dieser Schaden sich in der Bundesrepublik Deutschland auf etwa 3 – 4 % des Bruttoinlandprodukts beläuft [1]. Dabei handelt es sich um ein bis heute fortwährendes Problem, welches durch zusätzlich steigende Anforderungen an mechanische Komponenten in der Automobil- sowie der Werkzeugmaschinenindustrie verstärkt wird. Dies führt zu einem hohen Bedarf an leistungsfähigen Verschleißschutzschichten. Die Entwicklung innovativer Beschichtungstechnologien kann zur signifikanten Steigerung der Nachhaltigkeit im Umgang mit den zur Verfügung stehenden Ressourcen führen und steht daher auf der Agenda aktueller Förderpolitik [2].

2.2 Herstellungsverfahren verschleißfester Dünnschichten

Herstellungsverfahren für Schichten mit Dicken < 10 µm werden in der Regel als Dünnschichtverfahren bezeichnet. In diesem Bereich haben sich in den letzten Jahren im Wesentlichen die chemischen und elektrochemischen Beschichtungsverfahren sowie die PVD-und CVD-Technologie (engl, PVD – Physical Vapor Deposition, CVD – Chemical Vapor Deposition) etabliert [3]. Die elektrochemischen Abscheideverfahren sind zwar wesentlich kostengünstiger als die Vakuumbeschichtungsverfahren, ermöglichen jedoch lediglich die Herstellung metallischer Schichten. Die Vakuumbeschichtungsverfahren eignen sich für die Deposition einer Vielzahl keramischer Verschleißschutzschichten (z.B. Titannitrid TiN, Aluminiumoxid Al_2O_3, Diamantähnliche Kohlenstoffschichten DLC) auf nahezu allen technisch relevanten Substratwerkstoffen und decken damit einen weiten Bereich hoher Anforderungen ab [3]. Die PVD-Verfahren erfordern jedoch eine aufwändige Vakuumtechnik und sind daher mit hohen Investitions- und Betriebskosten verbunden. Darüber hinaus stellen sie in der industriellen Massenproduktion aufgrund der oftmals erforderlichen chargenweisen Beschichtung einen Flaschenhals dar. Die CVD-Verfahren erweisen sich aufgrund der Einsetzbarkeit unter Atmosphärendruck zwar als deutlich wirtschaftlicher, erfordern aber hohe Substrattemperaturen von mindestens ca. 400 °C [3].

Obwohl eine Vielzahl von Schichteigenschaften für die Funktion von Verschleißschutzschichten verantwortlich ist, wird im Folgenden zur Vereinfachung einer Einordnung des zu entwickelnden Verfahrens die

Schichthärte als Maß für die Leistungsfähigkeit der erzeugten Verschleißschutzschichten herangezogen. Das angestrebte laserbasierte Beschichtungsverfahren zur Herstellung metalloxidischer Keramikschichten mittels Sol-Gel-Verfahren kann auf Basis der erwarteten Schichthärten demnach in dem Mittelfeld der etablierten Beschichtungsverfahren angesiedelt werden (Bild 2-1).

Bild 2-1

Eigene Einordnung des angestrebten laserbasierten Sol-Gel-Verfahrens in Bezug zu den etablierten Dünnschicht-verfahren zur Herstellung verschleißfester Schichten

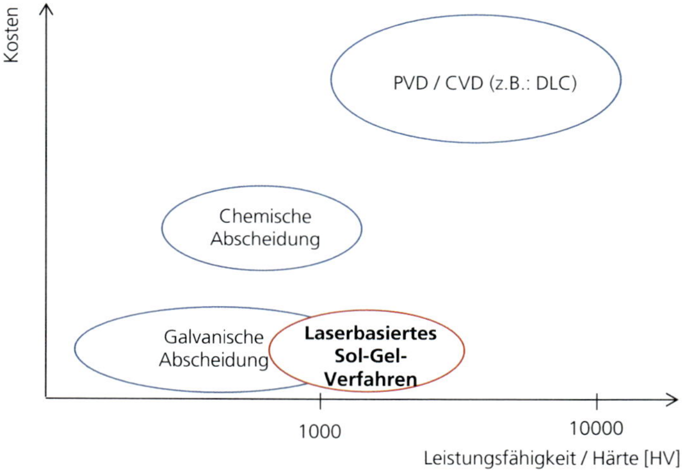

Aufgrund der Härte von Zirkoniumdioxidvollmaterial von ca. 1100 HV [4] wird die Härte in dem oberen Bereich galvanisch abgeschiedener Hartchromschichten und Dispersionsschichten liegen (ca. 300 – 1100 HV) [5]. Die Härten von mittels PVD / CVD-Verfahren hergestellter diamantähnlicher und diamantener Schichten liegen mit ca. 1800 – 9000 HV (20 – 100 GPa) [6] zwar deutlich darüber, der große Vorteil resultiert jedoch aus der immensen Kosteneinsparung gegenüber den teuren Vakuumbeschichtungsverfahren[7].

In dieser Darstellung sind weitere für die Herstellung dickerer Schichten geeignete Verfahren wie das Thermische Spritzen, Kaltgasspritzen und das Laserauftragschweißen nicht aufgeführt. Eine Darstellung dieser Verfahren ist in [3, 8] zu finden.

Im Folgenden werden die Vor- und Nachteile der etablierten Verfahren des für die vorliegende Arbeit relevanten Dünnschichtbereichs (≤ 10 µm) dargestellt.

Galvanische Abscheidung

Bei der galvanischen Abscheidung werden die Ionen eines in einem Elektrolyt gelösten Metallsalzes durch Anlegen einer Spannung an der Oberfläche der Kathode angelagert. Durch Reduktion der angelagerten Metallionen bildet sich dabei an der Oberfläche der Kathode eine Metallschicht (z.B. $Cu^{2+} + 2e^- \rightarrow Cu$). Die dabei erzeugten Schichtdicken liegen typischerweise im Bereich 5 – 500 µm. Wesentlicher Nachteil dieses vergleichsweise kostengünstigen Beschichtungsverfahrens ist die erforderliche Leitfähigkeit der zu beschichtenden Substratoberfläche [3, 8]. Mit diesem Verfahren können lediglich metallische Schichten erzeugt werden. Vielversprechende Entwicklungen wie das galvanische Abscheiden von metallischen Dispersionsschichten (mit keramischen Nanopartikeln modifizierte Metallschichten) eröffnen jedoch auch auf diesem Gebiet neue Möglichkeiten [9]. Ein großer Vorteil dieser metall-keramischen Kompositschichten sind hohe Härten bei gleichzeitig hoher elektrischer Leitfähigkeit.

Tabelle 1

Vor- und Nachteile Galvanische Abscheidung [3]

Vorteile	Nachteile
Sehr kostengünstige Anlagentechnik	Erfordert Leitfähigkeit der zu beschichtenden Oberfläche
Härten bis 1100 HV (Hartchrom)	Nur metallische Schichten
Metall-keramische Kompositschichten (elektrische Leitfähigkeit, hohe Temperatur- und Verschleißbeständigkeit)	Umweltprobleme

Chemische Abscheidung

Bei diesem auch als stromlose Abscheidung metallischer Schichten bezeichneten Verfahren ist keine äußere Stromquelle erforderlich. Bei dem zu beschichtenden Substratwerkstoff kann es sich daher auch um einen Isolator handeln. Die Reduktion der in dem Elektrolyt gelösten Metallionen erfolgt in diesem Fall durch Zugabe eines Reduktionsmittels bzw. durch Vorliegen eines positiven Standardelektronenpotentials des abzuscheidenden Metalls im Vergleich zu dem Substratwerkstoff [3].

Tabelle 2

Vor- und Nachteile Chemische Abscheidung [3]

Vorteile	Nachteile
Anwendbar auf Metallen und Isolatoren	Hohe Kosten
Hohe Schichtdicken-homogenität	Zusätzliche Wärmebehandlung erforderlich
	Umweltprobleme

Physikalische Gasphasenabscheidung (Physical Vapor Deposition – PVD)

Die Physikalische Gasphasenabscheidung ist ein Sammelbegriff für verschiedene Verfahren zur Abscheidung metallischer, nichtmetallischer und keramischer Schichten aus der Dampfphase. Ein wesentlicher Vorteil dieser Verfahren ist die hohe Flexibilität hinsichtlich der zu beschichtenden Substratmaterialien und der möglichen Beschichtungsmaterialien. Damit besteht die Möglichkeit, funktionsangepasste Mehrkomponentenschichtsysteme zu erzeugen [10]. PVD-Verfahren ermöglichen die Herstellung von sehr reinen Schichten bei geringer thermischer Belastung. Diese Verfahren weisen aber den Nachteil auf, dass sie aufgrund des benötigten Hochvakuums (teilweise bis 10^{-6} mbar) und der damit verbundenen aufwändigen Anlagentechnik mit hohen Herstellungskosten und einem hohen Energiebedarf verbunden sind [11]. Dies stellt insbesondere für die Beschichtung von Bauteilen, die in großen Stückzahlen produziert werden, einen erheblichen Nachteil dar. Die Beschichtung von Bandmaterial mit hohen Flächenraten ist möglich, erfordert aber ein sehr aufwendiges Anlagenkonzept [12]. Darüber hinaus ist mit diesen Verfahren die Erzeugung ortsselektiver Beschichtungen prinzipbedingt mit einem großen Aufwand verbunden, da dies den Einsatz von Masken erfordert [13-15].

Tabelle 3

Vor- und Nachteile PVD-Verfahren [3]

Vorteile	**Nachteile**
Große Flexibilität hinsichtlich der Beschichtungs- und Substratmaterialien (Metall, Keramik, Polymer, ...)	Sehr teuer (Vakuumprozess)
Dichte Schichten mit hoher Haftung	Niedrige Schichtraten
Niedrige Beschichtungstemperatur	Einschränkung bezüglich Bauteilgeometrie
Sehr hohe Härte (1800 – 9000 HV DLC[6])	Hoher Aufwand bei selektiver Beschichtung

Chemische Gasphasenabscheidung (Chemical Vapor Deposition – CVD)

Die CVD-Verfahren unterscheiden sich von den PVD-Verfahren dadurch, dass der Beschichtungswerkstoff während des Beschichtungsprozesses durch eine chemische Reaktion erzeugt wird. Dazu wird ein reaktives Gas in die Beschichtungskammer geführt (Precursorgas). Durch die folgende Adsorption und chemische Reaktion der Precursorgasmoleküle an der zu beschichtenden, beheizten Bauteiloberfläche findet die Schichtbildung statt. Das Verfahren ermöglicht auf der einen Seite die wirtschaftliche Herstellung leistungsfähiger Schichtsysteme an Atmosphärendruck, erfordert jedoch auf der anderen Seite hohe Beschichtungstemperaturen von mindestens 400 - bis zu 2000 °C [11], weshalb diese Technologie für die Erzeugung von Beschichtungen auf temperaturempfindlichen Substraten keine Alternative darstellt. Darüber hinaus unterliegt das Verfahren Einschränkungen bezüglich der

Beschichtungsmaterialien, da nicht für alle Materialien ein Precursorgas verfügbar ist.

Tabelle 4

Vor- unc Nachteile CVD-Verfahren [3]

Vorteile	Nachteile
Sehr hohe Härte (1400 – 3700 HV) [5]	Hohe Beschichtungstemperaturen von bis zu 2000 °C
Geringere Kosten als PVD	Verzug
Sehr gute Haftung	Entsorgung aggressiver Restgase
	Scharfkantige Geometrien sind schwierig zu beschichten

<u>Nasschemische Beschichtungsverfahren</u>

Nasschemische Beschichtungsverfahren (Tauchbeschichtung, Rotationsbeschichtung, Druck- und Dosierverfahren) ermöglichen die kosten- und ressourceneffiziente Herstellung dünner Schichten. Die Aufbringung aus der flüssigen Phase erfordert dabei das Vorliegen des Beschichtungswerkstoffs in partikulärer bzw. molekularer Form. Man unterscheidet mikro- oder nanopartikuläre Dispersionen, bei denen das Beschichtungsmaterial bereits partikulär in dem finalen Zustand vorliegt, und so genannte Sol-Gel-Systeme, bei denen das finale Beschichtungsmaterial erst durch die thermische Nachbehandlung der aufgebrachten Schichten durch chemische Reaktionen entsteht [3, 7].

a. Partikuläre Beschichtungswerkstoffe

Im Falle des partikulär aufgebrachten Beschichtungsmaterials erfolgt durch die thermische Nachbehandlung ein Versintern- bzw. Verschmelzen der Partikel zu einem Schichtverbund. Deock-Soo ist es auf diesem Wege mit Nachbehandlungstemperaturen von 500 °C (Ofen, Haltezeit: 1 Stunde) gelungen Indium-Zinn-Oxid-Schichten mit Flächenwiderständen von 450 – 1500 Ω/sq (Schichtdicke ca. 100 nm) zu erzeugen [16]. Für die Herstellung verschleißfester oxidkeramischer Schichten sind aufgrund der signifikant höheren Schmelz- und Sintertemperaturen keramischer Materialien, deutlich höhere Nachbehandlungstemperaturen von > 1000 °C und längere Sinterzeiten zu erwarten.

b. Sol-Gel-Systeme

In der vorliegenden Arbeit soll aufgrund diverser Vorteile ein Sol-Gel-System als Beschichtungsmaterial eingesetzt werden. Eine umfangreiche Einführung zu dem Thema Sol-Gel erfolgt im Anhang der Arbeit in Kapitel 7.1. An dieser Stelle soll nur eine kurze Erläuterung der für die Arbeit zentralen Aspekte erfolgen. Wird eine Sol-Gel-Verfahren zur Erzeugung von Beschichtungen eingesetzt, so liegt das Beschichtungsmaterial bei der Deposition noch nicht in der finalen Form vor. Die Besonderheit besteht im Vergleich zu der unter a aufgeführten partikulären Verfahrensausgestaltung, die auf rein physikalischen Prozessen wie dem Schmelzen oder Sintern basiert, darin, dass die Basis für einen stabilen Verbund innerhalb der Schicht und eine hohe Haftfestigkeit auf dem Substratmaterial hier durch chemische Reaktionen gelegt wird, die zur Netzwerkbildung führen. Das deponierte Sol enthält lediglich molekulare Vorstufen (Metallalkoxide) des zu bildenden Materials. In dem konkreten Fall des hier verwendeten Beschichtungsmaterials handelt es sich beispielsweise um Zirkoniumtetrabutanolat ($Zr(OR)_4$,CAS-Nr.:1071-76-7). Die Bildung der oxidkeramischen Schicht erfolgt erst unter Einwirkung einer thermischen Nachbehandlung des aufgebrachten Materials (Bild 2-2).

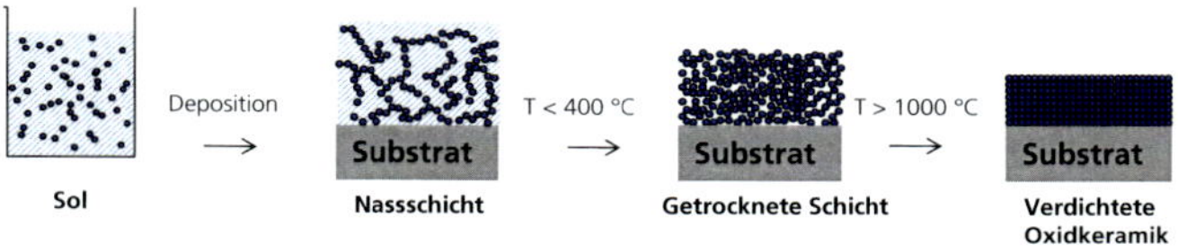

Bild 2-2

Schematische Darstellung des Sol-Gel-Verfahrens zur Herstellung oxidkeramischer Schichten, basierend auf [7]

Vor der Auftragung ist die Konzentration der Vorstufen in dem Sol so gering, dass keine Vernetzungsreaktionen ablaufen können. In diesem Fall spricht man von einem stabilen Sol. Die Standzeit kann sich aber je nach Material deutlich zwischen einigen Tagen und mehreren Monaten unterscheiden. Die molekularen Vorstufen liegen in dem Sol durch Hydrolysereaktionen mit dem enthaltenen Wasser in hydrolysierter Form vor (Bild 2-3, rechte Seite).

Bild 2-3

Hydrolysereaktionen der zirkoniumbasierten Vorstufen in Wasser. Darstellung basierend auf [17]

$$Zr(OR)_4 + H_2O \longrightarrow Zr(OR)_3OH + ROH$$

$$Zr(OR)_3OH + H_2O \longrightarrow Zr(OR)_2(OH)_2 + ROH$$

$$Zr(OR)_2(OH)_2 + H_2O \longrightarrow Zr(OR)(OH)_3 + ROH$$

Durch die Verdampfung der Lösungsmittel während der Deposition und des Trocknungsprozesses nimmt die Konzentration der Vorstufen zu und damit der Abstand zwischen den hydrolysierten Vorstufen (z.B. $Zr(OR)(OH)_3$) ab, sodass Polykondensationsreaktionen ablaufen können, die zur Ausbildung von Zr-O-Zr-Bindungen zwischen den Zr-Atomen und damit schließlich zur Ausbildung einer ZrO_2-Netzwerkstruktur führen (Bild 2-4, siehe auch Kapitel 7.1 und 7.2) .

Bild 2-4

Polykondensationsreaktionen der zirkoniumbasierten Vorstufen, Darstellung basierend auf [17]

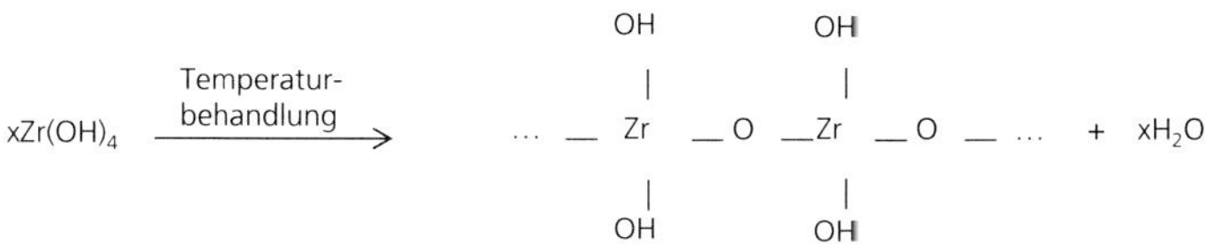

Ein wichtiges Anwendungsfeld dieses, hier am Beispiel von Zirkoniumtetrabutanolat-Vorstufen dargestellten Sol-Gel-Verfahrens, ist die Herstellung keramischer Dünnschichten [7]. Die im Allgemeinen dabei eingesetzten Materialien sind u.a. Metallalkoxide von Metallen (z.B. Aluminium), von Übergangsmetallen (z.B. Titan, Zirkonium) oder von Schwermetallen (z.B. Blei) [18]. Hergestellt werden können somit u.a. SiO_2, Al_2O_3, ZrO_2, TiO_2, TiN, … [19-21]. Aufgrund der Vielzahl der möglichen Vorstufen bietet dieses Verfahren eine hohe Flexibilität bezüglich der Materialart und der damit verbundenen Funktionalität der erzeugten Schichten.

Aus diesem Grund stellt das Sol-Gel-Verfahren ein sehr kostengünstiges und flexibles Beschichtungsverfahren dar, das in einigen Bereichen wie beispielsweise der großflächigen Erzeugung von Antireflexionsschichten auf Glasoberflächen industriell etabliert ist [22-24]. Der erste industrielle Einsatz des Tauchbeschichtungsverfahrens in Kombination mit dem Sol-Gel-Verfahren kann auf Arbeiten bei der Firma Schott zurückgeführt werden [25, 26].

Darüber hinaus besitzt das Sol-Gel-Verfahren eine Vielzahl von Freiheitsgraden zur Beeinflussung der finalen Schichteigenschaften. So lassen sich physikalische Eigenschaften wie beispielsweise die Dichte, Porosität und Härte der erzeugten Schichten durch die Bedingungen während der Überführung des Sols in die funktionalisierte Schicht gezielt beeinflussen [18]. Durch gezielte Prozessführung und Wahl der Vorstufen können so eine Vielzahl verschiedener Funktionalitäten wie u.a. Kratzfestigkeit, elektrische und thermische Leitfähigkeit oder Isolation erzeugt werden [27].

Neben den hier aufgeführten Vorteilen erfordert das Sol-Gel-Verfahren jedoch in der Regel eine thermischen Nachbehandlung zur Trocknung und Funktionalisierung des aufgebrachten Beschichtungsmaterials. Die Trocknung kann meist bei moderaten Temperaturen zwischen 80 – 150 C° durchgeführt werden. Die für die Funktionalisierung erforderlichen Temperaturen sind wiederum abhängig von den gewählten Werkstoffen, können in einigen Fällen aber deutlich über 1000 °C liegen und stellen daher ein Hemmnis bei der Umsetzung des Verfahrens auf temperaturempfindlichen Substraten dar.

Laserbasierte Kurzzeit-Temperaturbehandlungen stellen daher als Alternative zu konventionellen ofenbasierten Verfahren eine vielversprechende Möglichkeit zur Erweiterung des Anwendungsgebiets der Sol-Gel-Verfahren dar.

2.3 Kurzzeit-Temperaturbehandlungen

In verschiedenen Bereichen der Beschichtungstechnologie hat sich gezeigt, dass thermische Nachbehandlungen von zuvor mit verschiedenen Verfahren erzeugten Schichten zur Erzeugung und/oder Verbesserung der gewünschten Schichteigenschaften führen können. Typische Haltezeiten konventioneller Ofenbehandlungen liegen in der Größenordnung einiger Minuten. Allein aus Gründen der Wirtschaftlichkeit ist daher die Erforschung von Verfahren zur Realisierung von Kurzzeit-Temperaturbehandlungen mit Temperaturhaltezeiten < 1 Minute interessant. Oftmals stehen jedoch auch funktionale Aspekte im Vordergrund. So werden in der Elektronikbranche bei der Herstellung von integrierten Schaltkreisen auf Basis von CMOS-Halbleiter-Bauelementen (engl., Complementary Metal-Oxide-Semiconductor) Kurzzeittemperaturbehandlungen (engl., Rapid Thermal Processes) dazu eingesetzt ungewünschte Diffusionsprozesse durch kurze Temperaturhaltezeiten zu unterbinden. Dabei werden Aufheizraten von typischerweise bis zu einigen 100 K/s durch schnelles Verfahren der zu behandelnden Komponenten in einem Haubenofen (engl., bell jar furnace) mit voreingestelltem Temperaturgradienten oder durch Bestrahlung mit Glüh- oder Lichtbogenlampen realisiert [28]. Diese etablierten Verfahren erlauben je nach Ausgestaltung die Reduzierung der Temperaturhaltezeiten auf Sekunden oder einige 100 Millisekunden. Chen et al. berichten über die RTA-Kristallisierung von mittels Sol-Gel-Verfahren hergestellter Blei-Zirkonat-Titanat-Schichten in 10 s (600 °C) und 1 s (700 °C) [29]. Mit fortschreitender Miniaturisierung der Dimensionen bei der Herstellung integrierter Schaltungen wird jedoch die weitere Reduzierung der Temperaturhaltezeiten erforderlich. Ein heutzutage etabliertes Verfahren ist die so genannte Blitzlampentemperung (engl., Flash Lamp Annealing, FLA), die die Aufheizung auf über 2000 °C in wenigen Millisekunden ermöglicht [30, 31]. Aufgrund der ineffizienten Energieeinbringung ist dieses Verfahren jedoch sehr energieaufwändig.

Durch ihre große Flexibilität gewinnen neben diesen lampenbasierten Verfahren insbesondere laserbasierte Verfahren zur Realisierung von Kurzzeittemperaturbehandlungen an Bedeutung. Die exakte lokale und temporale Steuerbarkeit von Laserstrahlung ermöglicht die gezielte Einstellung von Temperaturhaltezeiten in einem großen Bereich von einigen Femtosekunden bis zu einigen Sekunden. Dadurch ist die gezielte Einstellung der Haltezeiten entsprechend den Anforderungen des zu bewirkenden Prozesses möglich.

Die folgende Darstellung gibt einen Überblick über den Stand der Wissenschaft in dem für die vorliegende Arbeit relevanten Bereich der laserbasierten Nachbehandlung zuvor mit verschiedenen Verfahren deponierter Schichten.

Laserbasierte Nachbehandlung von PVD-Schichten

Bei dieser speziellen Verfahrensausgestaltung sind insbesondere Anwendungsbereiche im Bereich der Display- und der Photovoltaiktechnologie im Fokus. Lu et al. zeigen in Untersuchungen mit einem Argon-Laser (Wellenlänge λ = 514 nm, Laserausgangsleistung P_L = 290 mW, Strahldurchmesser d_S = 3 mm), dass die Laserbehandlung von zuvor mittels gasentladungsaktivierter Dampfabscheidung auf Glassubstraten hergestellter Zinkoxid -(ZnO) Schichten zu einer vorteilhaften Erhöhung der UV-Absorption dieser in Solarzellen eingesetzten Schichten führt [32]. Diese Steigerung der Absorptionseigenschaften ist auf ein Kornwachstum und eine vorteilhafte Orientierung der Kristallphase in der Schicht zurückzuführen, die durch die Laserbehandlung bewirkt wird. Durch die 5-minütige Laserbehandlung (entspricht einer Flächenrate von ca. 0,0002 cm^2/s) wird damit ein Ergebnis erzielt, das vergleichbar mit dem Ergebnis einer 1-stündigen Ofenbehandlung bei 500 °C ist.

Hong zeigt in seinen Untersuchungen, dass der Absorptionsgrad im Spektralbereich des Sonnenlichts (Maximum im Bereich λ = 300 – 1200 nm) von zuvor mittels plasmaunterstützter chemischer Gasphasenabscheidung auf Glassubstraten erzeugten amorphen Siliziumschichten durch eine Laserbehandlung signifikant gesteigert werden kann [33]. Dabei wird ein gepulster Ti:Saphir Laser (Clark-MXR, CPA 2001) mit einer Wellenlänge von 775 nm, einer Pulsdauer von 150 fs sowie einer Fokusbreite der linienförmigen Intensitätsverteilung von 50 µm eingesetzt. Dieser Spot wird mit einer Geschwindigkeit von 10 mm/s und einem Spurversatz von 0,1 mm mäanderförmig über die Probe geführt. Die demonstrierte Flächenrate beträgt demnach 0,01 cm^2/s.

Untersuchungen von De Cesare et al. zeigen, dass vergleichbare Ergebnisse mit Schichtmaterialien erzielt werden können, die für die Erzeugung von Verschleißschutzschichten geeignet sind. Mit Hilfe einer Laserbehandlung mit einem Krypton-Fluorid Excimer Laser (Wellenlänge λ = 248 nm, Fluenz F = 0,2 J/cm^2, 100 – 200 Pulse) werden die zuvor mittels plasmaunterstützter chemischer Gasphasenabscheidung erzeugten, amorphen Siliziumkarbid-(SiC)-Schichten kristallisiert. Diese Kristallisierung führt zu einem signifikanten Anstieg der Schichthärte im Vergleich zu unbehandelten Schichten (Faktor 3 – 4) [34]. Gemäß der angegebenen Pulsrepetitionsfrequenz beträgt die Bestrahlungszeit jeder Stelle dabei jeweils ca. 100 – 200 Sekunden. Angaben zu dem verwendeten Strahldurchmesser sind nicht verfügbar und die Berechnung der erzielten Flächenrate daher nicht möglich.

Laserbasierte Nachbehandlung nasschemisch erzeugter Schichten auf Basis partikulärer Materialien

In Untersuchungen von Baum et al. wird nachgewiesen, dass eine kommerziell erhältliche Suspension mit Zinkoxid (ZnO)-Partikeln mittels Rotationsbeschichtungsverfahren auf Silizium-Wafer aufgetragen und anschließend mittels Laserbehandlung mit einem Krypton-Fluorid-Excimerlaser (Lambda Physik LPX 315i, Wellenlänge λ = 248 nm, Pulsdauer t_P = 30 ns, Fluenz F = 245 mJ/cm^2, Laserspotgröße: 30 x 15 mm^2) eine Verschmelzung und/oder Versinterung der Schicht derart erzielt werden kann, dass keine Primärpartikel mehr sichtbar sind [35].

Zentrales Ergebnis dieser Untersuchungen ist, dass in der Schicht innerhalb der Bestrahlungsdauer eines einzelnen Pulses offenbar die Schmelztemperatur der ZnO-Nanopartikel ($T_{M,ZnO,,bulk}$ = 1975 °C [35]) überschritten wird, während die zwischen Substrat und ZnO-Schicht aufgebrachte SiO_2-Bufferschicht auf maximal 248 °C aufgeheizt wird.

Vedder et al. berichten über die Funktionalisierung von mittels Inkjet-Verfahren aufgedruckten Indium-Zinn-Oxid (ITO, Indium Tin Oxide) Schichten auf Glassubstraten [36]. Dabei wird ein Erbium Faserlaser dazu eingesetzt den Flächenwiderstand der ca. 500 – 1000 nm dicken Schichten (Primärpartikelgröße 10 – 50 nm) von einigen kΩ/sq auf ca. 100 Ω/sq zu reduzieren. Bei Wechselwirkungszeiten von ca. 20 µs zwischen Laserstrahl und beschichteter Probe betragen die erzielten Flächenraten ca. 17 cm^2/s.

Laserbasierte Nachbehandlung mittels Sol-Gel-Verfahren erzeugter Schichten

Die Eigenschaften mittels Sol-Gel-Verfahren hergestellter Schichten sind in hohem Maße abhängig von den Bedingungen der thermischen Nachbehandlung. Laserbasierte Verfahren zur thermischen Nachbehandlung bieten eine Vielzahl zusätzlicher Freiheitsgrade und eröffnen daher potentiell die Möglichkeit den Anwendungsbereich dieser flexiblen Beschichtungsverfahren signifikant zu erweitern. Daraus ergibt sich ein sehr großes Potential dieser speziellen Verfahrenskombination. Diese Tatsache wird durch die große Zahl verschiedener Werkstoffe, deren Einsetzbarkeit in Kombination mit einem Laserverfahren im Rahmen grundlegender Versuche untersucht wurde, unterstrichen [26, 26, 37, 37-41]. Die Materialien der mittels Sol-Gel/Laserverfahrenskombination erzeugten Schichten umfassen dabei Barium-Strontiumtitanat (BST), Lanthan-Calciummanganat (LCM), TiN, TiO_2, TiAlN,Al_2O_3, SiO_2 sowie ZrO_2. Die potentiellen Anwendungsbereiche reichen dabei von der Elektronik- über die Display- und Glasindustrie bis zur Automobilbranche. Im Folgenden werden für die vorliegende Arbeit relevante Untersuchungen in diesem Bereich aufgeführt.

Chen et al. ist die Realisierung eines Laserverfahrens zur Kristallisierung von Blei-Zirkonat-Titanat-Sol-Gel-Schichten gelungen [42]. Durch die Bestrahlung mit Diodenlaserstrahlung (Wellenlänge λ = 980 nm, rechteckförmiges Top-Hat-Intensitätsprofil mit $I \approx 2{,}8 \cdot 10^4$ W/cm²) ist es gelungen ein kristallisiertes Mehrschichtsystem herzustellen, dessen piezoelektrische Eigenschaften mit den Eigenschaften konventionell hergestellter Schichtsysteme vergleichbar sind. Als konventionelles Referenzverfahren wird in dieser Untersuchung das so genannte Rapid Thermal Annealing mit Aufheizraten von 30 K/s betrachtet.

De Hosson und Popma berichten 2003 über grundlegende Untersuchungen zur laserbasierten Versinterung von Schichten, die mittels kommerziell erhältlicher Sol-Gel-Systeme mit SiO_2-Vorstufen erzeugt werden. Dabei wird das Material mittels Rotationsbeschichtung auf Quarzglassubstrate aufgetragen und anschließend mit CO_2-Laserstrahlung (1200 – 3000 W, Flächenraten im Bereich 0,01 – 8 cm²/s) behandelt. Mittels perthometrischer Messungen wird eine Reduzierung der Schichtdicke und damit einhergehend eine Verdichtung der Schicht in Abhängigkeit der eingestrahlten Fluenz nachgewiesen (Bild 2-5) [43].

Bild 2-5

Relative Dichte mittels Sol-Gel/Laser-Kombinationsverfahren hergestellter SiO_2-Schichten in Abhängigkeit der eingestrahlten Fluenz für verschiedene Ausgangsdurchmesser der Partikel in der Schicht, basierend auf [43]

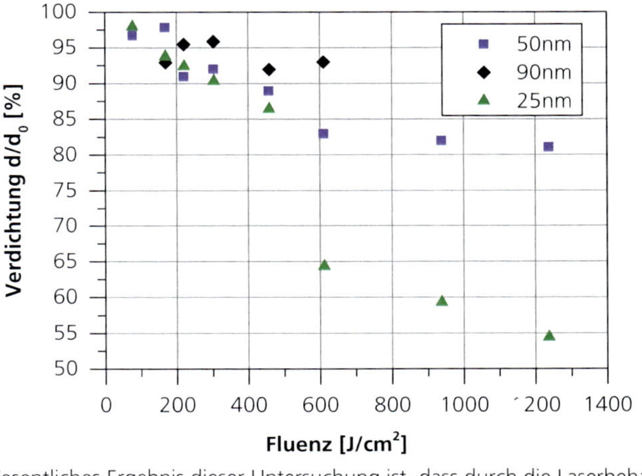

Wesentliches Ergebnis dieser Untersuchung ist, dass durch die Laserbehandlung eine signifikante Verdichtung der Schichten verursacht wird. Je kleiner die Ausgangsgröße der Partikel ist, desto größer ist der Grad der Verdichtung. Die Ursache für die diskontinuierliche Verdichtung bei der Fluenz von ca. 600 J/cm² wird nicht untersucht.

In seiner Dissertation stellt Popma darüber hinaus Ergebnisse zur mechanischen Charakterisierung von mittels Laserstrahlung versinterten SiO_2-Schichten dar. Ergebnis dieser Messungen ist, dass die Schichthärte nach der Laserbehandlung mit Werten von maximal ca. 10 -12 GPa (umgerechnet in Vickershärte: ca. 940 – 1140 HV, siehe Kapitel 7.4.2) die Härte von Quarzglas-Vollmaterial erreicht [44]. In diesem Zusammenhang ist zu erwähnen, dass Taylor und Fabes bereits 1992 Sol-Gel-Schichten mit SiO_2-Vorstufen auf Siliziumwafern mit Hilfe von CO_2-Laserstrahlung (10 Überfahrten, Leistung 2,75 W, Strahldurchmesser 100 µm, Scan-Geschwindigkeit 10 mm/s) so verdichtet haben, dass sowohl die Schichthärte als auch der Brechungsindex mit Quarzglas-Vollmaterial übereinstimmt [45].

2.4 Zirkoniumdioxid (ZrO_2)

Die klassischen für den Verschleißschutz eingesetzten Hartstoffe lassen sich gemäß ihres unterschiedlichen Bindungscharakters in drei Gruppen einteilen (Tabelle 5) [46].

Tabelle 5

Einteilung der klassischen Hartstoffe in drei Gruppen mit unterschiedlichem Bindungscharakter [46]

Bindungscharakter	Materialklassen	Beispiele
Metallisch	Boride, Carbide, Nitride der Übergangsmetalle	TiC, TiN, ...
Kovalent	Boride, Carbide, Nitride von Al, Si, B oder Diamant	SiC, BN,...
Ionisch (heteropolar)	Oxide von Al, Zr, Ti, Be	Al_2O_3, ZrO_2, ...

Diese Materialgruppen unterscheiden sich hinsichtlich ihrer Eigenschaften wie Härte, mechanischer Stabilität und Haftung. Jede Gruppe weist jedoch Vor- und Nachteile auf. So weisen die extrem harten Materialien mit kovalentem Bindungscharakter eine geringe Stabilität und Haftung auf. Über diese klassischen Hartstoffschichten hinaus gewinnen kohlenstoffbasierte Schichtsysteme zunehmend an Bedeutung. Insbesondere amorphe diamantähnliche Kohlenstoffschichten (a-C:H, diamond-like carbon, DLC) haben sich durch eine Eigenschaftskombination aus sehr hoher Härte (2.000 – 4.000 HV) und großem Elastizitätsmodul (200 – 300 GPa) sowie hoher Korrosionsbeständigkeit für Hochleistungsanwendungen industriell etabliert [6, 47]. Etablierte Vakuumbeschichtungsverfahren zur Herstellung dieser Schichten sind aber in der Regel technisch sehr aufwändig und daher mit hohen Investitionskosten verbunden.

Die heteropolaren Materialien mit ionischem Bindungscharakter (z. B. Oxidkeramiken wie ZrO_2, Al_2O_3, ...) weisen im Vergleich zu DLC-Schichten zwar eine geringere Härte auf, sind aber mechanisch und chemisch sehr stabil [46]. Die Herstellung von Schichten auf Basis dieser Materialien ist neben den teuren Vakuumbeschichtungsverfahren auch mit Hilfe des Sol-Gel-Verfahrens möglich.

Insbesondere für die Herstellung von Zirkoniumdioxid sind Vorstufen erhältlich, die ohne hohen technischen Aufwand zur Vermeidung ungewünschter Reaktionen in Normalatmosphäre verwendet werden können.

ZrO_2-Vollmaterial erfüllt darüber hinaus mit seiner hervorragenden Eigenschaftskombination alle Grundvoraussetzungen für den Einsatz als Verschleißschutzmaterial.

Tabelle 6

Mechanische Eigenschaften von Y_2O_3-stabilisiertem Zirkoniumdioxid-Vollmaterial in der tetragonalen Kristallphase [4]

Eigenschaft ZrO_2	Wertebereich
Biegefestigkeit	800 MPa bis 1200 MPa
Bruchzähigkeit K_{IC}	5 – 7 MPa $m^{1/2}$
Härte (HV10)	12 GPa (= 1130 HV)
Dichte	6,09 g/cm3
E-Modul	Ca. 210 GPa
Wärmeleitfähigkeit	2 – 3 W/mK
Wärmeausdehnungskoeffizient	10 - $11 \cdot 10^{-6}$ K^{-1} (20 – 800 °C)
Schmelztemperatur	2710 °C
Verdampfungstemperatur	4300 °C

Ausschlaggebend für die große industrielle Bedeutung sind insbesondere die hohe Härte von ca. 1100 HV (12 GPa), die hohe Temperaturbeständigkeit sowie die geringe Wärmeleitfähigkeit. Darüber hinaus weist ZrO_2 einen Wärmeausdehnungskoeffizienten in der Größenordnung typischer Stähle auf. Über die zahlreichen industriellen Anwendungsfelder hinaus wird ZrO_2 u.a. aufgrund seiner hohen chemischen Beständigkeit [48] auch in der Medizin (z. B. für die Erzeugung von Dental- oder Hüftgelenksprothesen) eingesetzt [49].

Hasanuzzaman et. al. zeigen, dass mit Hilfe von Yttrium-stabilisierten Nanopartikeln ZrO_2-Scheiben hergestellt werden können, deren Härte durch einen Sintervorgang im Ofen gesteigert werden kann. Die finale Härte steigt dabei bei Sintertemperaturen > 1200 °C und Haltezeiten von ca. 4 Stunden auf über 1100 HV (12 GPa) an [50]. Dieses und vergleichbare Verfahren auf Basis von partikulärem, keramischem Material sind jedoch aufgrund der erforderlichen hohen Temperaturhaltezeiten in Kombination mit Temperaturen > 1000 °C nicht für den Einsatz auf temperaturempfindlichen Substraten geeignet.

2.5 Sol-Gel-Verfahren zur Herstellung oxidkeramischer ZrO_2-Schichten

Aufgrund der Neuheit des Ansatzes existieren nur wenige Untersuchungen zur Herstellung keramischer ZrO_2-Schichten über eine Kombination des Sol-Gel-Verfahrens mit einer laserbasierten Kurzzeittemperaturbehandlung. Aus diesem

Grund werden im Folgenden auch relevante Arbeiten mit konventionellen Temperaturbehandlungsverfahren aufgeführt.

Aufgrund der geringen chemischen Reaktionsbereitschaft und der daher einfachen Handhabung der Vorstufen (z.B. Zirkoniumtetrabutanolat) sowie der Eigenschaften des Materials selbst (vgl. Kapitel 2.4) sind ZrO_2-basierte Sol-Gel-Systeme prädestiniert für die Herstellung von Verschleißschutzschichten mit Hilfe des Sol-Gel-Verfahrens. Diaz-Parralejo et al. ist es gelungen, Sol-Gel-Schichten auf Basis von Yttriumoxid (Y_2O_3)-stabilisiertem ZrO_2 (verwendete Vorstufen: Zirkonium-(IV)-n-Propoxid und Yttrium(III)-Acetat) mit Hilfe einer Ofenbehandlung in nanokristalline Schichten zu überführen [51]. Röntgenbeugungsmessungen zeigen, dass die mittels Tauchbeschichtung erzeugten Schichten sowohl nach Applikation auf Glassubstraten und einer 2-stündigen Ofenbehandlung bei 500 °C als auch nach Applikation auf Saphir-Substraten und einer 2-stündigen Ofenbehandlung bei 1500 °C die kubische ZrO_2-Kristallphase ausbilden (Bild 2-6, links). Durch Erzeugung von Mehrschichtstapeln werden Gesamtschichtdicken von maximal ca. 2 µm (10 Schichten) erzielt. In älteren Untersuchungen wird nach Behandlung in dem betrachteten Temperaturbereich die Ausbildung der tetragonalen oder einer kubisch-tetragonalen Mischphase in bulk-Materialien nachgewiesen [52, 53]. Diaz-Parralejo et al. begründen die Ausbildung der kubischen Phase in den Sol-Gel-Schichten durch die Vielzahl an Einflussfaktoren bei dem Sol-Gel-Prozess (PH-Wert des Sols vor der Deposition, Schichtdicke, …). Darüber hinaus findet durch die Temperaturbehandlung ein deutliches Kornwachstum in den Schichten statt (Bild 2-6, rechts).

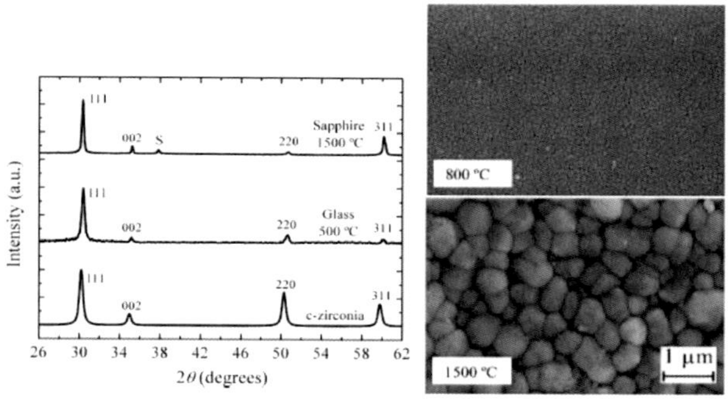

Bild 2-6

Röntgenbeugungsspektren von Sol-Gel-ZrO_2 Schichten nach Ausbildung der kubischen ZrO_2-Phase auf verschiedenen Substraten (Haltezeit 2 Stunden) (links) sowie Rasterelektronenmikroskopische Aufnahmen des Kornwachstums bei Temperaturen T > 500 °C (rechts) [51]

In weiteren Untersuchungen zeigen Diaz-Parralejo et al., dass die Temperaturbehandlung von Sol-Gel-ZrO_2 Schichten zu einem signifikanten Anstieg der Schichthärte führt [54]. Bei einer Ofentemperatur von 700 °C und einer Haltedauer von 2 Stunden in Umgebungsatmosphäre wird eine Härte von ca. 880 HV (9,4 GPa, umgerechnet gemäß Gleichung 7.15, Kapitel 7.4.2) erzielt. Dies stellt einen signifikanten Anstieg gegenüber der Härte einer unbehandelten Schicht (Härte < 430 HV, 4,5 GPa) dar. Darüber hinaus wird ein weiterer Anstieg der Härte auf ca. 1000 HV (10,8 GPa) bei Durchführung der Temperaturbehandlung in Stickstoff-Atmosphäre beobachtet.

De Hosson zeigt in vergleichbaren Untersuchungen, dass durch die Ofenbehandlung von Sol-Gel ZrO_2-Schichten neben der Ausbildung einer nanokristallinen Phase eine signifikante Verdichtung der Schichten um bis zu 70 % erzielt wird [55]. Nach einer Temperaturbehandlung bei 1200 °C (Haltezeit 30 Minuten) wird die Dicke der Sol-Gel-Schichten auf ca. 100 nm reduziert (Ausgangsdicke ca. 350 nm).

In weiteren Untersuchungen wird darüber hinaus über sehr geringe Reibwerte und eine hohe Verschleißbeständigkeit von mittels Sol-Gel-Verfahren auf Glassubstraten erzeugten und anschließend thermisch behandelten ZrO_2-Schichten bei Reibung gegen Stahl berichtet (Stahl: SAE52100, bei geringen Lasten von 0,5 N) [56]. Weiterhin zeigen Atik et al., dass mittels Sol-Gel-Verfahren hergestellte und thermisch behandelte ZrO_2-Schichten eine hohe Beständigkeit gegenüber Korrosionseinflüssen aufweisen [57]. Die dort beschriebene Kristallisierung von mittels Sol-Gel-Verfahren hergestellten Schichten durch eine Temperaturbehandlung im Ofen wird in weiteren Untersuchungen bestätigt [58-61]. Aufgrund der unterschiedlichen Ausgangsmaterialien setzt die Kristallisierung bei unterschiedlichen Temperaturen ein. Jedoch liegen alle beobachteten Kristallisierungstemperaturen bei > 300 °C. Dabei wurden mindestens Haltezeiten von 30 Minuten eingesetzt.

Die tetragonale ZrO_2-Phase ist ohne Stabilisierung bei Raumtemperatur nur bis zu einer kritischen Korngröße von 30 nm stabil [62]. Del Monte zeigt, dass durch die Dotierung mit SiO_2, ähnlich der etablierten Stabilisierung mit Yttriumoxid (Y_2O_3) [63], eine Stabilisierung der tetragonalen Phase auch bei deutlich größeren Korngrößen von bis zu ca. 100 nm möglich ist [61]. Mit dem Ziel, die vorteilhaften Eigenschaften der tetragonalen Phase zu nutzen, wird dieser Ansatz von Uhlmann et al. weiterverfolgt. Im Rahmen ihrer Untersuchung wird gezeigt, dass mit 8 Gew.-% SiO_2 dotierte Sol-Gel-ZrO_2-Schichten durch eine Ofenbehandlung bei 800 °C (Haltedauer 15 Min unter N_2-Strömung) eine stabile tetragonale ZrO_2-Phase ausbilden [64] (Bild 2-7).

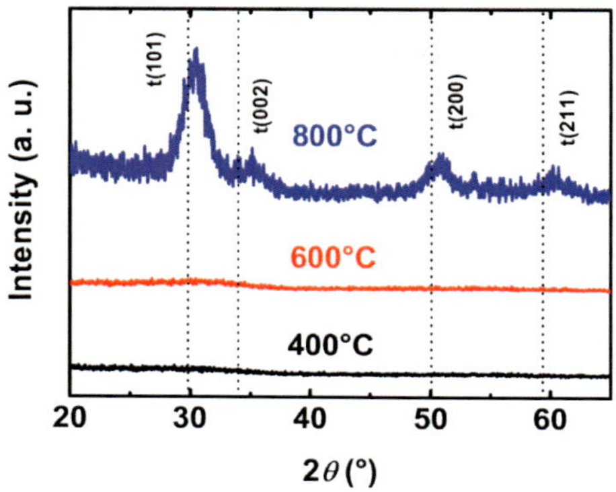

Bild 2-7

Ausbildung der tetragonalen Kristallphase (Röntgenbeugungsspektren) in SiO_2-dotierten (8 Gew.%) Sol-Gel-ZrO_2 Schichten nach Ofenbehandlung bei 800 °C (15 Minuten Haltedauer) [64]

Untersuchungen zur Korrelation der Strukturveränderungen mit den funktionalen Schichteigenschaften zeigen, dass die Kristallisierung mit einem signifikanten Anstieg der Schichthärte auf maximal ca. 660 bis 750 HV (7 – 8 GPa, 900 °C, 15 Minuten) verbunden ist.

Das von Uhlmann in [64] verwendete Sol-Gel-Material stellt die Basis des im Rahmen der vorliegenden Arbeit verwendeten Beschichtungsmaterials für die Realisierung des laserbasierten Verfahrens auf vergütetem 100 Cr 6 Stahl dar. Die erforderliche Kristallisierungstemperatur liegt mit 800 °C deutlich über typischen Anlasstemperaturen vergüteter Stähle (typ. ca. 150 – 200 °C). Die Realisierung der erforderlichen Temperaturbehandlung ist mit konventionellen Ofentechnologien daher nicht möglich.

Grundlegende Untersuchungen zur laserbasierten Herstellung von ZrO_2-Schichten mittels Sol-Gel-Verfahren führt Popma im Rahmen seiner Dissertation auf Quarzglassubstraten durch [44]. Dabei wird in Abhängigkeit der eingestrahlten Flächenenergie E_F ein Anstieg der Korngröße festgestellt (Bild 2-8).

Bild 2-8

Ansteigende Korngröße als Funktion der eingestrahlten Flächenenergie, basierend auf [44]

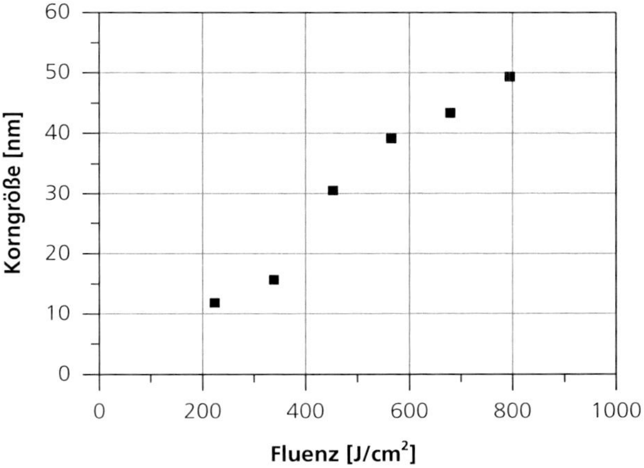

Bei diesen Versuchen wird CO_2-Laserstrahlung (Spectra-Physics - Rofin Sinar 820 mit einer maximalen Ausgangsleistung von 1500 W und einem Rohstrahldurchmesser von 19 mm, Fokussierungsbrennweite f = 123 mm) verwendet (genaue Verfahrensparameter nicht angegeben). Gemäß Röntgenbeugungsanalyse wird die Überführung in eine kristalline Schicht nachgewiesen (Kristallphase nicht angegeben). Die auf Basis der Röntgenbeugungsspektren ermittelte Kristallitgröße steigt mit der eingestrahlten Flächenenergie E_F auf bis zu ca. 50 nm bei $E_F \approx 800$ J/cm² an.

Die Größe der Wärmeeinflusszone im Substrat wird nicht genannt. Außerdem wird eine Rissbildung in der Schicht und Oxidbildung an der Stahloberfläche ohne systematische Analyse erwähnt. Ergebnisse der Analyse der mechanischen Schichteigenschaften nach der Laserbehandlung werden nicht dargestellt. In der Einleitung der Arbeit wird erwähnt, dass die Laserbehandlung der Sol-Gel-Schichten mit der Inkjet-Drucktechnologie verknüpft werden soll. Ergebnisse zur Laserbehandlung gedruckter Schichten werden jedoch nicht dargestellt.

2.6 Zwischenfazit – Stand der bisherigen Arbeiten

Für die Formulierung der Innovationsaspekte der vorliegenden Arbeit ist der Stand der Arbeiten zur Herstellung ZrO_2-basierter Schichten mittels Sol-Gel-Verfahren von großer Relevanz. Dieser kann wie folgt zusammengefasst werden:

- Grundsätzlich existieren zahlreiche Untersuchungen zur Erzeugung keramischer ZrO_2-Schichten mittels Sol-Gel-Verfahren. Die Sole werden in der Regel mittels Tauchbeschichtungs- oder Rotationsbeschichtungsverfahren auf Glas- oder Metallsubstrate deponiert. Typische Einzelschichtdicken liegen im Bereich 50 – 250 nm [64, 65].

- Nach der Deposition liegen die deponierten Schichten im amorphen Zustand vor. Im Rahmen von Untersuchungen zur konventionellen thermischen Nachbehandlung in Öfen wird die Ausbildung der kubischen bzw. tetragonalen ZrO_2-Kristallphase nachgewiesen [51, 66, 67].

- Die jeweilige exakte Kristallisierungstemperatur sowie die finale Korngröße und Kristallstruktur sind abhängig von der genauen Zusammensetzung des verwendeten Beschichtungsmaterials. Erste Kristallisationseffekte werden je nach Material bei minimalen Temperaturen von 300 – 500 °C beobachtet [51].

- In der Regel wird Yttriumoxid (Y_2O_3) zur Stabilisierung der tetragonalen ZrO_2-Phase hinzugefügt [63]. Es existieren Untersuchungen, die belegen, dass ein ähnlicher Stabilisierungseffekt durch Dotierung mit Siliziumdioxid (SiO_2) erzielt werden kann [61, 68].

- Das im Rahmen der vorliegenden Arbeit verwendete Beschichtungsmaterial stellt eine Modifikation des von Uhlmann et al. verwendeten Sol-Gel-Systems dar [64]. Dieses führt zur Herstellung SiO_2-dotierter ZrO_2-Schichten. Die Kristallisierungstemperatur des Ausgangsmaterials beträgt T = 800 °C (Haltezeit 15 Minuten). In dem untersuchten Temperaturbereich von bis zu 900 °C findet die Ausbildung der tetragonalen ZrO_2-Kristallstruktur statt.

- Uhlmann zeigt in [64], dass die Härte der mit dem Ausgangsmaterial erzeugten Schichten in Abhängigkeit der Ofentemperatur von anfänglich ca. 100 HV auf maximal ca. 660 – 750 HV (7 – 8 GPa) ansteigt (900 °C, 15 Minuten Haltezeit). Dies ist in guter Übereinstimmung mit weiteren Untersuchungen, bei denen andere Sol-Gel-Ausgangsmaterialien eingesetzt wurden. Maximal erzielte Schichthärten liegen bei ca. 1000 HV [51, 54].

- Popma gelingt in ersten Arbeiten zur laserbasierten Kurzzeitnachbehandlung die Überführung ZrO_2-basierter Sol-Gel-Schichten auf Quarzglas in kristalline Schichten (Kristallphase nicht angegeben). Dabei wird CO_2-Laserstrahlung eingesetzt (genaue Parameter nicht angegeben). Die beobachtete Kristallitgröße steigt mit der eingestrahlten Flächenenergie auf bis ca. 50 nm an (800 J/cm²) [44].

2.7 Defizite des derzeitigen Stands der Technik und Innovationsaspekte der Arbeit

Zusammenfassend erscheint die Sol-Gel/Laserverfahrenskombination zur Herstellung Zirkoniumdioxid-basierter Verschleißschutzschichten aufgrund der vorhandenen Vorarbeiten vielversprechend. Die Analyse der in diesem interessanten Forschungsgebiet veröffentlichten Untersuchungen eröffnet jedoch zahlreiche Defizite:

- Die Erzeugung ZrO_2-basierter Keramikschichten mittels Sol-Gel-Verfahren auf temperaturempfindlichen Substraten stand nicht im Vordergrund der bisherigen Untersuchungen. Insbesondere ist ein vergleichbares Verfahren bisher nicht auf vergütetem 100 Cr 6 Stahl realisiert worden.

- Untersuchungen zu dem Einsatz gepulster Laserstrahlung mit dem Ziel die laserinduzierten Temperaturverteilungen gezielt so anzupassen, dass die thermische Belastung des Substrats reduziert wird, sind nicht bekannt.

- Untersuchungen zu dem Einsatz von Absorberadditiven zur gezielten Einkopplung der Laserstrahlung sind bisher nicht bekannt.

- Die bisherigen Analysen des Zusammenhangs zwischen den Laserverfahrensparametern und den Schichtstrukturänderungen beschränken sich auf die Gegenüberstellung der eingebrachten Energie und den qualitativen Schichtstrukturänderungen.

- In der vorhandenen Literatur wird die Problematik der Schichtbeschädigung durch Einsatz eines Laserverfahrens ohne Vortrocknung der Schichten nicht betrachtet. Untersuchungen zur Entwicklung eines 2-stufigen Laserverfahrens, bei dem die Trocknung und Funktionalisierung in zwei separaten Schritten erfolgt, sind jedoch nicht bekannt. Untersuchungen zur expliziten Entwicklung eines laserbasierten Trocknungsverfahrens für Sol-Gel-Schichten sind nicht bekannt.

- Untersuchungen zur Erzeugung selektiv applizierter ZrO_2-Schichten mittels Druck- oder Dosierverfahren sind nicht bekannt.

Größtes Defizit ist jedoch, dass keine quantifizierbaren Daten zu den durch Kurzzeit-Temperaturbehandlungen mit Zeitskalen im Mikrosekundenbereich bewirkten Schichtstrukturänderungen verfügbar sind. Für die Erzeugung von Verschleißschutzschichten auf temperaturempfindlichen Substraten ist dies jedoch eine zentrale Herausforderung, da die Reduzierung der thermischen Belastung aufgrund der erforderlichen hohen Funktionalisierungstemperaturen nur durch signifikant kürzere Temperaturhaltezeiten erfolgen kann.

Mit Blick auf den dargestellten Stand der Wissenschaft und Technik ergeben sich die folgenden zentralen Innovationsaspekte der vorliegenden Arbeit:

1. Kern der vorliegenden Arbeit ist die Entwicklung einer Systematik zur Untersuchung der Korrelation zwischen den Charakteristika laserinduzierter Temperaturverteilungen und der Schichtstruktur. Dies soll die Untersuchung des Einflusses von Kurzzeit-Temperaturbehandlungen im µs-Bereich ermöglichen. Im Bereich der Sol-Gel-Systeme sind bisher keine Untersuchungen bekannt, die einen vergleichbaren Zusammenhang auf dieser Zeitskala herstellen. Die im Rahmen der vorliegenden Arbeit angestrebten Erkenntnisse über diesen Zusammenhang eröffnen die Möglichkeit, gewünschte Schichteigenschaften zukünftig gezielt über die Gestaltung der laserinduzierten Temperaturverteilung einzustellen. Damit ist perspektivisch die Herstellung von Schichten mit gradierten Eigenschaften nicht nur durch die Erstellung von Mehrschichtstapeln, sondern auch durch Laserbehandlung von Einzelschichten denkbar.

2. Erstmalig wird gepulste Diodenlaserstrahlung mit Pulslängen im µs-Bereich für die laserbasierte Funktionalisierung der mit Hilfe des verwendeten Sol-Gel-Materials hergestellten Schichten eingesetzt. Ziel ist es, durch die kurzen Pulsdauern eine signifikante Reduzierung der thermischen Belastung des Substratmaterials zu erreichen.

3. Eine Untersuchung zur laserbasierten Funktionalisierung des eingesetzten ZrO_2-/SiO_2-Mischsols erfolgt erstmalig.

4. Erstmalig werden Untersuchungen mit einem durch die Zugabe von Absorberadditiven modifizierten Sol-Gel-System durchgeführt.

5. Erstmalig erfolgt die Entwicklung eines zweistufigen Laserverfahrens für die thermische Nachbehandlung der deponierten Sol-Gel-Schichten (Separate Betrachtung von Trocknung und Funktionalisierung). Erstmalig erfolgen Untersuchungen zur laserbasierten Trocknung des verwendeten Sol-Gel-Materials.

6. Mit den Untersuchungen zur Deposition des verwendeten Sol-Gel-Materials mittels Pipejet-Verfahren werden erstmalig die Voraussetzungen für die selektive Erzeugung lokal begrenzter Verschleißschutzschichten auf Basis des Sol-Gel-Verfahrens geschaffen.

3 Physikalische und werkstoffkundliche Grundlagen

Sowohl die zu beschichtenden 100 Cr 6 Stahlsubstrate als auch die Sol-Gel-Schichten unterliegen bei einer Temperaturbehandlung spezifischen Materialänderungen. Dabei handelt es sich im Fall des Substratmaterials um potentiell ungewünschte Gefügeveränderungen oder Anlasseffekte, während es sich im Fall der Schichten um Änderungen der Mikro- und Nanostruktur handelt, die zu der gewünschten Steigerung der mechanischen Abriebfestigkeit der Schichten führen sollen (Funktionalisierung). Ziel der Arbeit ist u. a. die Identifikation laserinduzierter Temperatur-Zeit-Verläufe, die die Funktionalisierung der Schichten bei gleichzeitiger Reduzierung der thermischen Belastung des vergüteten Stahlsubstrats ermöglichen. Voraussetzung für die Identifikation der entsprechenden Temperaturverteilungen ist die Erarbeitung der folgenden physikalischen und werkstoffkundlichen Grundlagen.

1. Anlasstemperatur des zu beschichtenden 100 Cr 6 Stahls (Kapitel 3.1)

2. Optische Eigenschaften der deponierten Sol-Gel-Schichten, der polierten 100 Cr 6-Substrate sowie der verwendeten Glassubstrate (Kapitel 3.3.2)

3. Gefügestruktur und Härte des betrachteten 100 Cr 6 Stahls in Abhängigkeit laserbasierter Kurzzeit-Temperaturbehandlungen (Kapitel 3.3.4)

4. Untersuchung des Einflusses laserbasierter Kurzzeit-Temperaturbehandlungen auf die Sol-Gel-Schichten und Identifikation der für die Funktionalisierung erforderlichen laserinduzierten Maximaltemperaturen (Kapitel 3.4)

5. Identifikation der für die Funktionalisierung der Schichten erforderlichen Temperatur-Zeit-Verteilung (Kapitel 3.4)

Diese Punkte werden im Rahmen dieses Kapitels untersucht. Die sich daraus ergebenden Randbedingungen an das zu entwickelnde Verfahren bilden den Ausgangspunkt für die im nächsten Kapitel folgende Verfahrensentwicklung.

3.1 Anlasstemperatur des 100 Cr 6 Stahls

Vergüteter 100 Cr 6 Stahl wird aufgrund seiner hervorragenden mechanischen Eigenschaften weit verbreitet für die Wälzlagerherstellung sowie für die

Herstellung mechanisch hochbelasteter Komponenten in der Automobilindustrie eingesetzt. Aufgrund dieses großen Einsatzpotentials stellt dieses Material ein gutes Beispiel für temperaturempfindliche Substrate mit hoher industrieller Relevanz dar. Die im Rahmen der vorliegenden Arbeit verwendeten Rundproben aus vergütetem 100 Cr 6 Stahl werden von der Firma Schaeffler Technologies GmbH & Co. KG zur Verfügung gestellt. Sie weisen einen Durchmesser von 31 mm sowie einer Dicke von 4 mm auf (Bild 3-1).

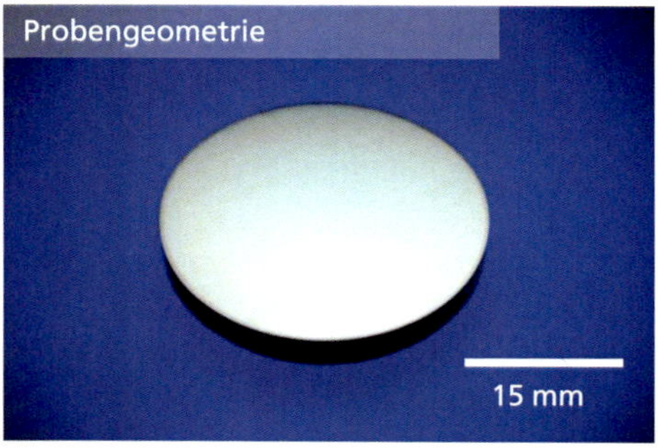

Bild 3-1

Probengeometrie (100 Cr 6 Vollmaterial, Durchmesser 31 mm, Dicke 4 mm, Quelle: Schaeffler Technologies GmbH & Co. KG)

100 Cr 6 Stahl weist gemäß Literatur einen Kohlenstoffgehalt von 1 Gew.-%, einen Chromgehalt von 1,5 Gew.-% und einen Silizium- und Mangangehalt von 0,3 Gew.-% auf [69]. Im vergüteten Zustand weist dieser ein übereutektoides[2], angelassenes Martensitgefüge mit eingeschlossenen Chromkarbidkörnern auf (Bild 3-2).

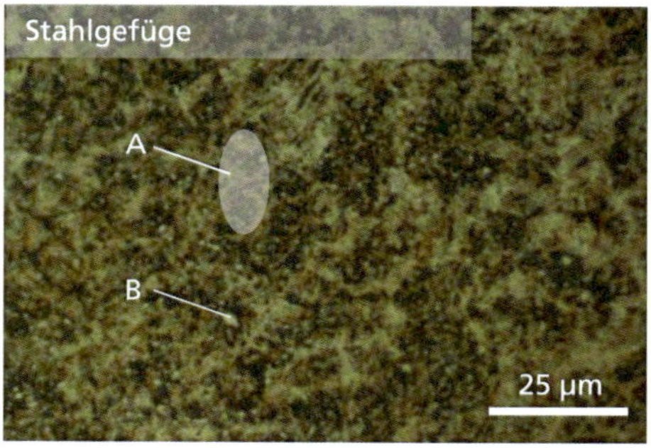

Bild 3-2

Lichtmikroskopische Aufnahme des vergüteten Grundgefüges des 100 Cr 6 Stahls mit eingeschlossenen Chromkarbiden (A: angelassener Martensit, B: Chromkarbidkörner)

[2] Ein übereutektoides Stahlgefüge weist einen Kohlenstoffgehalt von > 0,8 Gew.-% auf

In diesem Zustand weist das Gefüge des 100 Cr 6 Stahls eine hohe Härte und Verschleißbeständigkeit auf, aufgrund derer er für ein weites Feld von Anwendungen prädestiniert ist.

Im Rahmen des den folgenden Untersuchungen vorgeschalteten Vergütungsprozesses wird der zu beschichtende Stahl gehärtet und angelassen. Bei auf die Vergütung folgenden Verfahrensschritten müssen weitere Anlassprozesse unterbunden werden, um eine funktionsbeeinträchtigende Beeinflussung der mechanischen Eigenschaften zu vermeiden. Die dadurch gestellten Randbedingungen an die zu erzeugende Temperaturverteilung werden daher im Rahmen von Voruntersuchungen bestimmt. Als quantifizierbare Größe wird dabei die Härte des Substrats als Maß für die Anlasseffekte betrachtet. Um vergleichbare Ausgangsbedingungen zu gewährleisten, werden die Stahlsubstrate mit der in Tabelle 7 zusammengefassten Schleif- und Polierprozedur vorbehandelt. Die Rauheit der polierten Stahloberflächen beträgt $R_a = (10 + 3)$ nm.

Tabelle 7

Schleifparameter (Metaserf 250, Buehler) und Polierparameter (Phoenix 4000, Buehler)

Schleifparameter	**Wert**
Umdrehungszahl	250 U/min
Sukzessive Erhöhung der Schleifpapierkörnung	300, 600, 1000, ...
Schleifdauer je Körnung	3 Min.
Polierparameter	**Wert**
Anpressdruck	25 N
Additive	Diamantsuspension und Schmiermittel
Polierdauer	5 Min.

Bei der Härtemessung mittels Nanoindentationsverfahren (vgl. Kap. 7.4.2) werden die in Tabelle 8 zusammengefassten Prüfparameter eingesetzt. Grundsätzlich werden bei diesem Verfahren aufgrund der geringen Prüfkräfte bei gleichen Materialien tendenziell höhere Härten gemessen als bei Mikro- oder Makrohärteprüfverfahren. Aus diesem Grund werden mehrere Messungen mit sukzessiv erhöhten Prüfkräften durchgeführt. Mit steigender Prüfkraft werden geringere Härten mit reduzierter Fehlertoleranz gemessen (Bild 3-3).

Tabelle 8

Prüfparameter der Nanoindentationsmessung an 100 Cr 6 Stahlsubstraten

Prüfparameter	Wert
Gerät	HM500 Picodentor (Fischer GmbH)
Maximalprüfkraft F_{Nano}	0,3 – 500 mN
Belastungszeit t_{bel}	20 s
Haltezeit t_{halte}	10 s
Entlastungszeit t_{ent}	20 s
Auswertungsverfahren	Linearer Kurvenfit

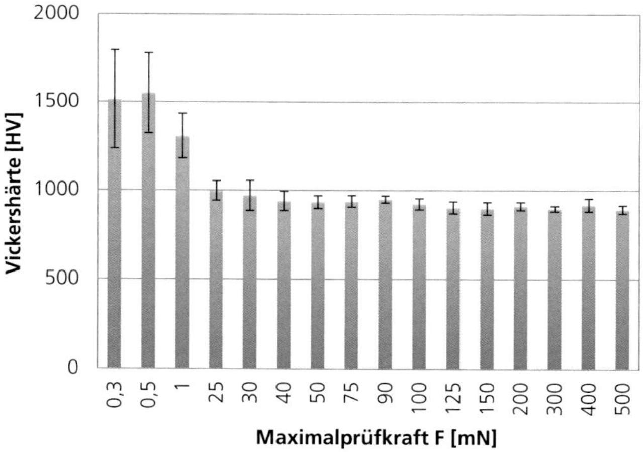

Bild 3-3

Oberflächenhärte des vergüteten 100 Cr 6 Stahls in Abhängigkeit der eingesetzten Maximalprüfkraft (die angegebenen Messwerte ergeben sich jeweils aus 6 Nanoindentationsprüfungen)

Für Prüfkräfte F_{Nano} > 25 mN ist nur eine geringfügige Abhängigkeit der Messwerte von der eingesetzten Prüfkraft nachweisbar. Daher werden im Folgenden Prüfkräfte aus diesem Bereich gewählt. Mit der Prüfkraft von 500 mN wird eine Härte von (890 ± 25) HV 500mN gemessen (Bild 3-3). Mit dieser maximal möglichen Prüfkraft des verwendeten Härteprüfgeräts werden Oberflächeneffekte auf den gemessenen Härtewert weitestgehend ausgeschlossen. Dennoch liegt die gemessene Härte etwa 100 HV oberhalb typischer mittels Mikro- oder Makrohärteprüfverfahren gemessener Härten von 100 Cr 6 Stählen. Dies muss bei Betrachtung der absoluten Härtewerte berücksichtigt werden. Für die folgenden Untersuchungen stellt dies jedoch keine Einschränkung dar, da in erster Linie relative Änderungen des Härtemesswertes in Abhängigkeit einer thermischen Behandlung betrachtet werden sollen.

Gemäß den Angaben von Stahlherstellern findet bei gehärtetem 100 Cr 6 Stahl bis zu Temperaturen von 200 °C bei Anlasszeiten von 1 Stunde nur eine geringfügige Reduzierung der Härte von maximal 10 % statt [70]. Der zu beschichtende 100 Cr 6 Stahl liegt jedoch im vergüteten Zustand vor. Die genauen Vergütungsbedingungen sind nicht bekannt. Aus diesem Grund soll zunächst im Rahmen von Ofentemperaturbehandlungen als Referenz für die im weiteren Verlauf durchzuführenden Kurzzeit-Temperaturbehandlungen das Anlassverhalten des Stahls bei langer Temperaturhaltezeit von ≥ 15 Minuten überprüft werden. Ergebnis dieser Voruntersuchung ist eine Reduzierung der gemessenen Härte auf (790 ± 10) HV 500mN nach einer 1-stündigen Ofenbehandlung bei T = 200 °C und eine vergleichsweise geringe Reduzierung der Härte auf (825 ± 25) HV 500mN bei einer 15-stündigen Ofenbehandlung bei T = 150 °C (Bild 3-4).

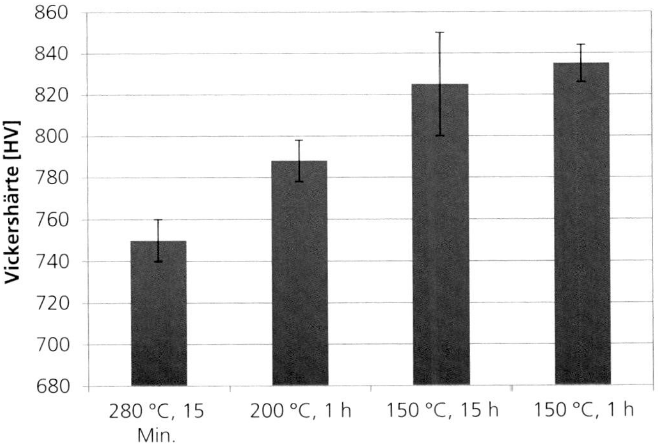

Bild 3-4

Oberflächenhärte des vergüteten 100 Cr 6 Stahls nach Ofentemperaturbehandlungen mit > 15 Minuten Haltezeit (die angegebenen Messwerte ergeben sich jeweils aus 6 Nanoindentationsprüfungen)

Auf Basis dieser Ergebnisse wird für den weiteren Verlauf die Temperatur T = 150 °C als Maximaltemperatur für Temperaturbehandlungen mit Haltezeiten > 15 Minuten festgelegt. Für die konventionelle Ofentrocknung der Schichten, die im Rahmen der Entwicklung des Laserverfahrens zunächst zur Trocknung der deponierten Schichten eingesetzt wird, wird daher eine Temperatur von 150 °C in Kombination mit einer Haltezeit von einer Stunde gewählt.

3.2 Deposition des Beschichtungsmaterials

Für die Deposition von Sol-Gel-Materialien auf planen Flächen bieten sich das Tauch- und das Rotationsbeschichtungsverfahren an. Aufgrund der bei der Tauchbeschichtung entstehenden keilförmigen Schichtdickenverteilung und der Rotationssymmetrie der zu beschichtenden Proben wird für die flächige Deposition des Beschichtungsmaterials das Rotationsbeschichtungsverfahren eingesetzt. Bei diesem Verfahren ist die Schichtdicke nach Abschluss des Rotationsbeschichtungsvorgangs proportional zu $\omega^{-1/2}$, wobei ω die Rotationsgeschwindigkeit bezeichnet (vgl. Kapitel 7.1).

Im Rahmen der Rotationsbeschichtungsversuche mit dem Basissol (Erläuterung der Zusammensetzung in Kapitel 3.3.2 auf Seite 44) auf Glassubstraten und den in Tabelle 9 zusammengefassten konstanten Beschichtungsparametern wird die Schichtdicke jeweils nach der Trocknung im Ofen (T = 150 °C, Haltezeit 1 h) gemessen. Ein Polynomialfit an die Schichtdicken-Messwerte bestätigt die Gültigkeit des anhand der Modellvorstellung entkoppelter Prozessschritte (Separate Betrachtung von spin-off und Verdampfungsphase, siehe Kapitel 7.1) abgeleiteten Zusammenhangs (Bild 3-5).

Tabelle 9

Parameter Rotationsbeschichtung

Beschichtungsparameter	Wert
Menge Sol	400 µl
Beschleunigung	1500 rpm/s
Zeit	30 s

Bild 3-5

Mittels Weißlicht nterferometer gemessene Schichtdicke d der mit dem Basissol erzeugten, getrockneten (Ofen: T = 150 °C, 1h) Schichten in Abhängigkeit der Rotationsgeschwindigkeit

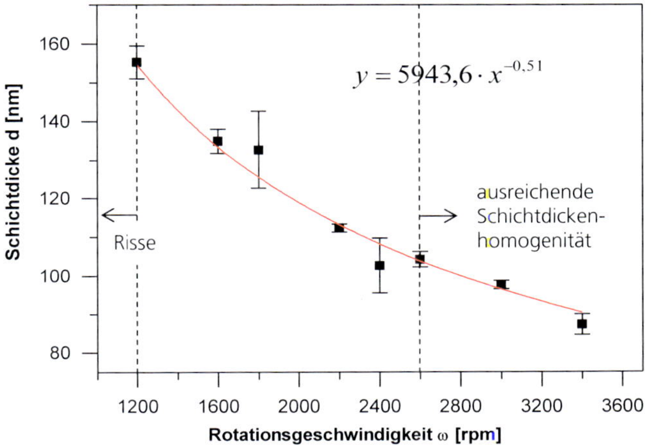

Wesentlich für die Wahl der Rotationsgeschwindigkeit ist jedoch die Tatsache, dass die kritische Schichtdicke, bei deren Überschreitung während der Vernetzung des Beschichtungsmaterials spontan Risse in der Schicht entstehen, unterschritten werden muss. Bei der Deposition des hier betrachteten Beschichtungsmaterials auf den polierten Stahloberflächen beträgt diese ca. (155 ± 5) nm Trockenschichtdicke, da bei höheren Schichtdicken Mikrorisse auftreten (Bild 3-5). Da die Schichtdickenabnahme durch die Trocknung zwischen 40 – 55 % beträgt [71], bedeutet dies, dass die maximale rissfreie Nassschichtdicke zwischen 215 – 355 nm beträgt. Weiterhin muss berücksichtigt werden, dass eine ausreichende Homogenität der Schichtdicke erst bei Rotationsgeschwindigkeiten > 2500 rpm[3] gegeben ist. Für die Präparation der Proben für die folgenden Untersuchungen wird daher eine Rotationsgeschwindigkeit von 3000 rpm gewählt.

Die resultierenden Schichtdicken unterscheiden sich bei Aufbringung auf verschiedene, im weiteren Verlauf eingesetzte Substratmaterialien (100 Cr 6 poliert, Objektträger und Quarzglas) nur minimal. Auf den Stahlsubstraten betragen sie d = (100 ± 15) nm (Bild 3-6).

[3] rpm (engl. revolutions per minute; „Umdrehungen pro Minute" (UpM)) ist die im Zusammenhang mit dem Rotationsbeschichtungsverfahren gebräuchliche angelsächsische Einheit für die Rotationsgeschwindigkeit

Bild 3-6

Mittels Weißlichtinterferometer gemessene Schichtdicken getrockneter (Ofen: T = 150 °C, 1h) Einzelschichten auf den verwendeten Substratmaterialien Objektträger, Quarzglas, polierte 100 Cr 6 Stahlprobe (ω = 3000 rpm)

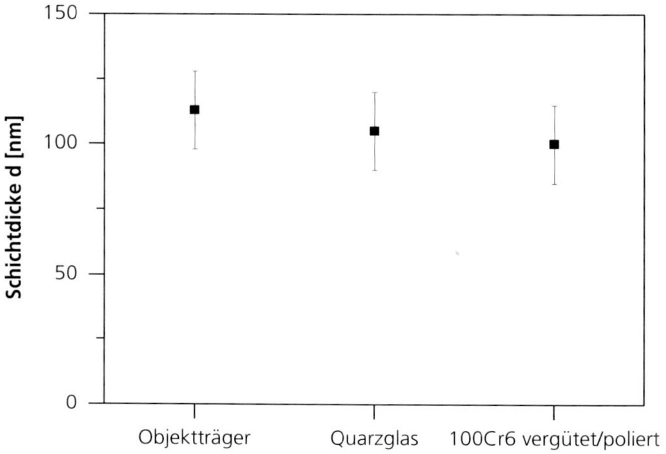

3.3 FEM-Simulation laserinduzierter Temperaturverteilungen

Wie in Kapitel 1 dargestellt ist ein wesentlicher Aspekt der Arbeit die Untersuchung des Zusammenhangs zwischen den laserinduzierten Temperaturverteilungen und der Nanostruktur der erzeugten Schichten. Darüber hinaus soll die laserbasierte Kurzzeit-Temperaturbehandlung so erfolgen, dass eine geringe thermische Belastung des Stahlsubstrates erfolgt. Dies soll durch eine gezielte Anpassung der Laserverfahrensparameter erreicht werden. Die für die thermische Belastung des Stahlsubstrates wesentlichen Prozessgrößen der Temperatureindringtiefe und Temperaturhaltezeit in Abhängigkeit der z-Richtung orthogonal zur Probenoberfläche sind jedoch experimentell nicht messbar. Im Rahmen der vorliegenden Arbeit wird diese Wissenslücke um wesentliche Prozessgrößen durch die FEM-Berechnung der laserinduzierten Temperaturverteilungen in Raum und Zeit (FEM, Finite Elemente Methode) geschlossen.

Konkret werden die Ergebnisse der FEM-Berechnungen zur Beantwortung der folgenden beiden Fragen eingesetzt:

1. Welcher Parameterbereich ist unter Berücksichtigung der technischen Spezifikationen der eingesetzten Strahlquellen für die Laserbehandlung der mittels Sol-Gel Verfahren hergestellten Schichten zielführend?

Zu diesem Zweck erfolgt im Vorfeld der experimentellen Verfahrensentwicklung die modellbasierte Betrachtung der laserinduzierten Maximaltemperaturen und Temperatureindringtiefen in Abhängigkeit der Verfahrensparameter im Rahmen der an dem Versuchsaufbau zur Verfügung stehenden Parameterbereiche.

2. Welche Temperaturhaltezeit und Temperatureindringtiefen liegen bei Anwendung der experimentell als zielführend identifizierten Parameterkombinationen tatsächlich vor und welcher Zusammenhang besteht zwischen diesen Charakteristika der laserbasierten Temperaturbehandlung und der Nanostruktur der Schichten?

   Zur Beantwortung dieser Fragen werden die experimentell ermittelten Parameterkombinationen, die gemäß experimenteller Analyse zu einer Funktionalisierung der Schichten geführt haben, zur Berechnung der Temperaturverteilung herangezogen. Durch den Abgleich der experimentellen und theoretischen Ergebnisse wird auf diesem Weg ein fundiertes Prozessverständnis gewonnen.

Die zentrale Herausforderung besteht dabei in der Aufstellung eines realitätsnahen Wärmeleitungsmodells. Wesentlicher Bestandteil eines solchen Modells ist die Kenntnis der laserinduzierten Wärmequellen. Diese sind neben den Laserverfahrensparametern maßgeblich abhängig von den Absorptionseigenschaften der einzelnen Bestandteile des betrachteten Schichtsystems. Aus diesem Grund stellt die Ermittlung der aufgrund der Neuheit des Materials unbekannten Absorptionseigenschaften der hergestellten Schichten den Ausgangspunkt der FEM-Berechnungen dar.

3.3.1 Vorgehensweise

Die Abfolge der Schritte der verfolgten Vorgehensweise sind in Bild 3-7 dargestellt.

Bild 3-7

Abfolge der Schritte zur FEM-Berechnung (grau) der laserinduzierten Temperaturverteilungen sowie die daraus gewonnenen Ergebnisse (türkis)

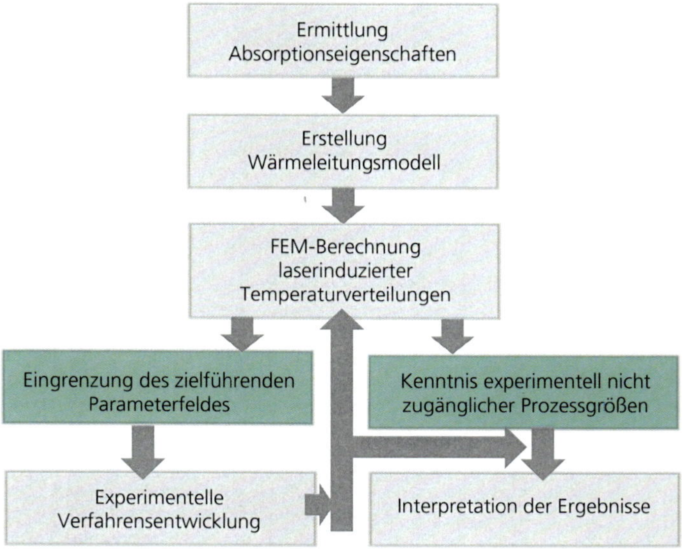

Ausgangspunkt der modellbasierten Vorgehensweise sind die Absorptionseigenschaften des Substrats und der Schicht. Diese werden mit Hilfe eines inversen Verfahrens ermittelt (siehe Kapitel 3.3.2). Auf Basis der ermittelten Absorptionseigenschaften werden die Wärmequellen in der Schicht und im Substrat ermittelt und das Wärmeleitungsmodell des Schichtsystems aufgestellt. Für dieses Wärmeleitungsmodell wird anschließend die zeitabhängige Wärmeleitungsgleichung in Abhängigkeit der zu untersuchenden Verfahrensparameter mittels Finite Elemente Methode (FEM) gelöst (siehe Kapitel 3.3.3). Das aufgestellte Wärmeleitungsmodell wird durch Abgleich der Simulationsergebnisse mit Gefügeanalysen laserbehandelter Stahlproben verifiziert (siehe Kapitel 3.3.4). In diesem Zuge wird darüber hinaus die Anlasstemperatur des vergüteten 100 Cr 6 Stahls im Rahmen laserbasierter Kurzzeit-Temperaturbehandlungen ermittelt. Anschließend wird das verifizierte Wärmeleitungsmodell im Rahmen der Verfahrensentwicklung dazu genutzt, anhand berechneter Temperaturverteilungen eine Vorauswahl der zielführenden Parameterbereiche für die Verfahrensentwicklung zu treffen (Kapitel 4.2). Darüber hinaus werden im weiteren Verlauf experimentell nicht messbare Prozessgrößen wie die Temperaturhaltezeit und die Temperatureindringtiefe für ausgewählte Parameterkombinationen ermittelt. Die Kenntnis dieser Prozessgrößen ermöglicht schließlich über einen Abgleich mit den experimentell erzielten Analyseergebnissen ein fundiertes Prozessverständnis.

Die experimentelle Messung der berechneten Temperaturverteilungen ist aufgrund der kurzen Wechselwirkungszeiten im µs-Bereich nicht möglich. Zur Validierung des Modells wird daher ein anderer Weg gewählt. Dieser besteht darin, Prozesse, die bei bestimmten Temperaturen in dem vergüteten 100 Cr 6 Stahl stattfinden, experimentell nachzuweisen. Hierzu bieten sich insbesondere der Übergang des Stahls in die Schmelzphase sowie Anlasseffekte, die in einer Reduzierung der Härte des Gefüges resultieren, an. Mit Hilfe von Gefügeanalysen kann nach der Laserbehandlung festgestellt werden, ob und bis zu welcher Tiefe diese Gefügeveränderungen stattgefunden haben. Dabei ist zu beachten, dass die Schmelztemperatur des betrachteten 100 Cr 6 Stahls mit einem Kohlenstoffgehalt von ca. 1 Gew.-% gemäß Literatur im Bereich von ca. 1400 bis 1450 °C liegt [72, 73]. Im Rahmen der Versuchsreihe werden mit getrockneten Sol-Gel-Schichten versehene, polierte Stahlsubstrate mit Laserstrahlung bearbeitet und anschließend einer Gefügeanalyse unterzogen. Die an dem geätzten Probenquerschliff beobachteten Gefügeveränderungen werden zur Überprüfung der Simulationsergebnisse herangezogen (siehe Kapitel 3.3.4).

Insgesamt umfasst die modellbasierte Vorgehensweise 3 Schritte:

1. Bestimmung der Absorptionseigenschaften des Substrats und der Schicht (Kapitel 3.3.2)

2. Erstellung des Wärmeleitungsmodells (Kapitel 3.3.3)

3. Validierung des Modells (Kapitel 3.3.4)

3.3.2 Inverses Verfahren zur Ermittlung optischer Eigenschaften

Für die Beschreibung der Absorptionseigenschaften eines Materials ist die Kenntnis des komplexen Brechungsindex N erforderlich.

3.1 $$N(\lambda) = n(\lambda) + ik(\lambda)$$

mit

λ Wellenlänge

n Realteil Brechungsindex

k Imaginärteil Brechungsindex

Der Realteil n(λ) ist definiert als das Verhältnis der Vakuumlichtgeschwindigkeit c zu der Phasengeschwindigkeit v_{Ph} elektromagnetischer Wellen in einem Medium [74]:

3.2 $$n(\lambda) = \frac{c}{v_{Ph}(\lambda)}$$

Mit dieser Definition ergibt sich aus den Maxwell Gleichungen für den Fall senkrecht einfallender Strahlung ein Zusammenhang zwischen dem komplexen Brechungsindex N und der dielektrischen Funktion ε und der magnetischen Permeabilität μ eines Materials [74, 75]:

3.3 $$N(\lambda) = \sqrt{\varepsilon\mu}$$

Es existiert keine Möglichkeit, die dielektrische Funktion oder den Brechungsindex direkt zu messen. Betrachtet man allerdings experimentell messbare Größen wie beispielsweise die wellenlängenabhängigen Transmissions- und Reflexionsspektren des Materials, ist die Bestimmung der dielektrischen Funktion des Schichtmaterials mit Hilfe eines inversen Verfahrens möglich [76]. Im Rahmen der vorliegenden Arbeit wird die kommerziell erhältliche Software *Scout* zu diesem Zweck eingesetzt [77].

Grundprinzip inverser Verfahren ist die Anpassung eines parametrisierten Modells zur Beschreibung messbarer Größen an experimentell ermittelte Messwerte. In der vorliegenden Arbeit werden zu diesem Zweck Transmissions- und Reflexionsspektren ($T(\lambda)$, $R(\lambda)$) im ultravioletten (UV), sichtbaren (VIS) und infraroten (IR) Spektralbereich von beschichteten Proben mittels UVVISNIR-Spektrometrie gemessen (siehe Kapitel 7.4.5). Für die Bestimmung der optischen Eigenschaften des Beschichtungsmaterials ist die Betrachtung eines Schichtsystems bestehend aus einem Glassubstrat und der dünnen Schicht erforderlich (Bild 3-8).

Bild 3-8

Schematische Darstellung des Schichtsystem-Modells eines beschichteten Glassubstrats ($N_1<N_3<N_2$)

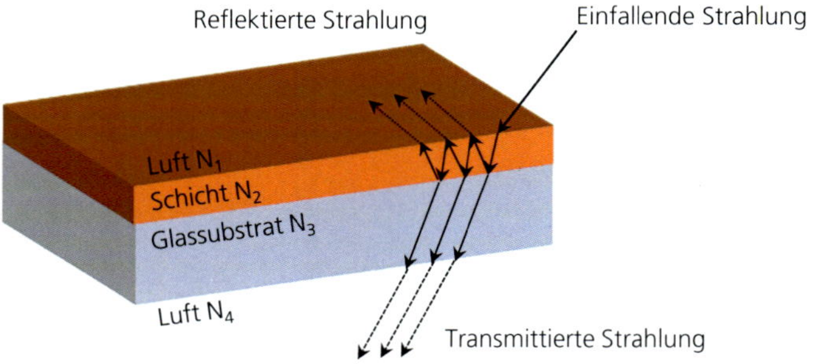

Der Zusammenhang zwischen den experimentell messbaren Transmissions- und Reflexionsspektren auf der einen Seite sowie der dielektrischen Funktion ε auf der anderen Seite ist über die Fresnelschen Gleichungen gegeben. Dabei muss jedoch berücksichtigt werden, dass sowohl in dem Glassubstrat als auch in der Schicht Mehrfachreflexionen auftreten. Die Herleitung der entsprechenden Ausdrücke erfolgt mit Hilfe einer in der Literatur dargestellten Matrixmethode [76, 78]:

3.4

$$T = \frac{|t_{13}|^2 |t_{34}|^2 \cdot e^{-2\frac{\omega}{c}k_3 d_3}}{1 - |r_{31}|^2 |r_{34}|^2 \cdot e^{-4\frac{\omega}{c}k_3 d_3}}$$

$$R = |r_{13}|^2 + \frac{|r_{34} t_{13} t_{31}|^2 \cdot e^{-4\frac{\omega}{c}k_3 d_3}}{1 - |r_{31} r_{34}|^2 \cdot e^{-4\frac{\omega}{c}k_3 d_3}}$$

Dabei bezeichnen t_{ij} und r_{ij} die Matrixelemente der aus den Fresnelschen Gleichungen abgeleiteten Transformationsmatrizen von Schicht i in Schicht j (detaillierte Herleitung im Anhang, Kapitel7.5). Dabei wird berücksichtigt, dass die Überlagerung der durch Mehrfachreflexionen in der Schicht entstandenen Lichtwellen aufgrund der geringen Schichtdicke und des damit einhergehenden geringen Gangunterschieds der Teilstrahlen kohärent erfolgt, während die Überlagerung der durch Mehrfachreflexionen in dem Substrat entstandenen Lichtwellen inkohärent erfolgt. Die t_{ij} und r_{ij} sind Funktionen der jeweiligen komplexen Brechungsindizes N_i und N_j der i/j-ten Schichten des Schichtsystems, welche direkt mit der jeweiligen dielektrischen Funktion ε_i verbunden sind. Damit besteht ein analytischer Zusammenhang zwischen den dielektrischen Funktionen der beteiligten Materialien, der Schichtdicke sowie den experimentell messbaren Transmissions- und Reflexionsgraden (*T* und *R*) des Gesamtschichtsystems. Dieser Zusammenhang ermöglicht die Bestimmung der dielektrischen Funktionen der Materialien mit der in Bild 3-9 dargestellten Vorgehensweise.

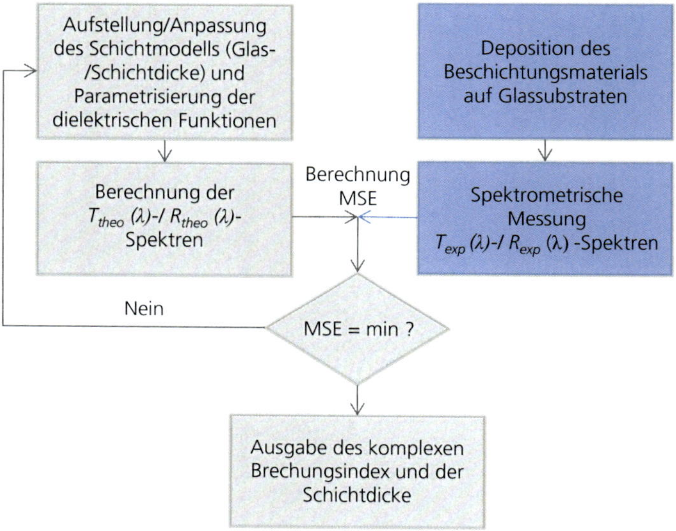

Bild 3-9

Inverses Verfahren zur Bestimmung der dielektrischen Funktion der Materialien. Experimentelle Arbeitsschritte sind in blau dargestellt. MSE (mean squared error) bezeichnet die Abweichung zwischen den gemessenen und berechneten Spektren.

Die Parametrisierung der dielektrischen Funktion erfolgt durch Aufstellung eines physikalischen Modells für die dielektrische Funktion des Absorbermaterials ε_A und die dielektrische Funktion ε_M des Matrixmaterials. Eine Erläuterung der für die folgenden Betrachtungen verwendeten Modelle erfolgt im Anhang in Kapitel 7.6. Darüber hinaus sind ausführliche Darstellungen der Modellbestandteile und Berechnungsgrundlagen in [77, 79] zu finden.

Um die dielektrische Funktion der Beschichtung zu bestimmen, müssen die Parameter des aufgestellten Modells angepasst werden, bis die resultierende dielektrische Funktion zu einem theoretischen Verlauf der Transmissions- und Reflexionsspektren ($T_{theo}(\lambda)$, $R_{theo}(\lambda)$) führt, der mit dem experimentell gemessenen Spektren $T_{exp}(\lambda)$ und $R_{exp}(\lambda)$ möglichst gut übereinstimmt. Hierzu werden die wellenlängenabhängigen Transmissions- und Reflexionsspektren gemäß Gleichung 3.4 mit der parametrisierten dielektrischen Funktion berechnet. Anschließend wird die mittlere quadratische Abweichung (MSE – mean squared error) zwischen berechneten und gemessenen Werten gemäß

3.5
$$MSE = \frac{1}{n}\sum_{\lambda}\left\{\left[T_{theo}(\lambda_i) - T_{exp}(\lambda_i)\right]^2 + \left[R_{theo}(\lambda_i) - R_{exp}(\lambda_i)\right]^2\right\}$$

gebildet. Dabei bezeichnet n die Anzahl der Messpunkte. Die Transmissions- und Reflexionsgrade werden jeweils im Wertebereich 0 – 1 angegeben. Ziel ist die Ermittlung von Modellparametern, die zu einem globalen Minimum der so berechneten mittleren quadratischen Abweichung führen. Die verwendete Software setzt den so genannten Downhill-Simplex-Algorithmus [80] zur Anpassung der Modellparameter ein. Die Parameterkombination, die ein Minimum des MSE erzeugt, definiert den mit Hilfe dieses inversen Verfahrens ermittelten Verlauf der dielektrischen Funktion $\varepsilon\,(\lambda)$ und der Schichtdicke d.

Als Maß für die Güte des Fits wird im Rahmen der vorliegenden Arbeit das Ergebnis des Fits an die Messdaten eines unbeschichteten Glasobjektträgers herangezogen. Dieses kann mit einem vergleichsweise einfachen Modell sehr gut beschrieben werden. Die mittlere quadratische Abweichung beträgt für diese Referenzprobe einen sehr geringen Wert von $3 \cdot 10^{-7}$. Für die im Laufe der Arbeit zu beschreibenden Beschichtungen wird eine Modellanpassung als gut befunden, wenn sie eine mittlere quadratische Abweichung aufweist, die maximal 2 Größenordnungen größer ist. In einem ersten Schritt wird auf diesem Weg der wellenlängenabhängige Brechungsindex der Glassubstrate durch Abgleich der experimentell an unbeschichteten Gläsern gemessenen T- und R-Spektren ermittelt. In dem zweiten Schritt werden die Parameter des Glassubstrats fixiert und die Parameter der Schicht durch Abgleich der T- und R-Spektren von beschichteten Substraten angepasst.

Mit bekannter dielektrischer Funktion ε bzw. komplexem Brechungsindex N ist die optischen Eindringtiefe durch

3.6
$$\delta_{opt}(\lambda) = \frac{\lambda}{4\pi \cdot k\,(\lambda)}$$

mit

k Imaginärteil des komplexen Brechungsindex

λ Wellenlänge der Strahlung

gegeben. Damit ist die Berechnung der Absorptionsanteile der Schicht und des Substrats mit Hilfe der Fresnelschen Gleichungen und des Lambert-Beerschen Gesetzes möglich. Im weiteren Verlauf werden auf diesem Weg die komplexen Brechungsindizes und optischen Eindringtiefen der verwendeten Substratmaterialien sowie der mit verschiedenen Beschichtungsmaterialien hergestellten Schichten ermittelt.

3.3.2.1 Ergebnisse

Glassubstrate

Für die Untersuchung der optischen Eigenschaften der Beschichtungsmaterialien werden Objektträger der Firma Marienfeld

(Art.Nr.: 1000000, Dicke: 1mm) eingesetzt. Diese Substrate aus Natron-Kalk-Glas sind gegenüber reinen Quarzglassubstraten deutlich kostengünstiger, weisen jedoch in der Regel Verunreinigungen auf. Der Transmissionsgrad dieser Substrate liegt in dem betrachteten Spektralbereich von λ = 400 – 2400 nm bei ca. 90 % (Bild 3-10, links). Im Bereich zwischen 600 und 1200 nm ist eine geringfügige Absenkung des Transmissionsgrads zu beobachten. Der gemessene Reflexionsgrad fällt von ca. 9 % bei λ = 400 nm auf ca. 7 % bei λ = 2400 nm ab (Bild 3-10).

Bild 3-10

Transmissions- und Reflexionsspektren der für die Ermittlung der optischen Schichteigenschaften verwendeten Glassubstrate mit der Dicke von 1 mm

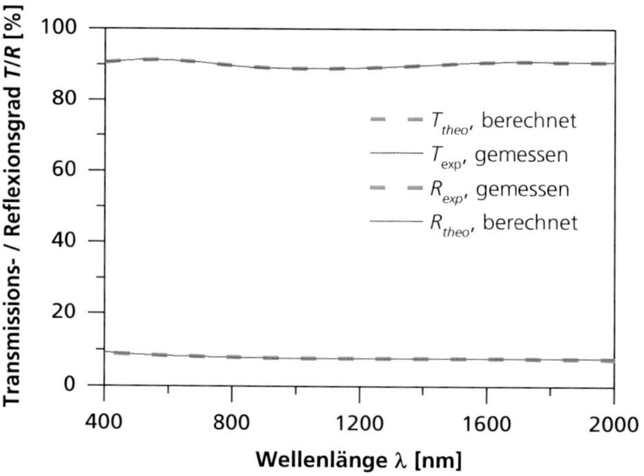

Die sehr gute Anpassung des verwendeten Modells ergibt einen Brechungsindex mit einem Realteil $n \approx 1{,}55$ und einem Imaginärteil von $k = 0 - 0{,}1$ (Bild 3-11).

Bild 3-11

Real- und Imaginärteil des ermittelten Brechungsindex der Floatglassubstrate

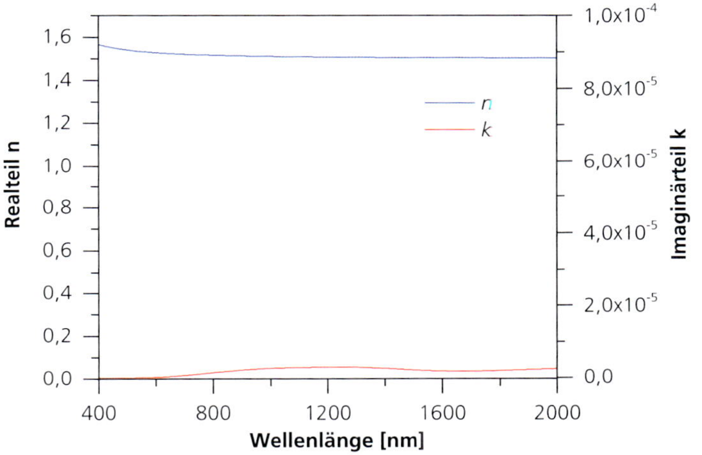

Der ermittelte Realteil des Brechungsindex stimmt sehr gut mit den in der Literatur dokumentierten typischen Werten für Natron-Kalk-Gläser überein (n = 1,5 – 1,6) überein [81]. Bei der Betrachtung der ermittelten Werte für den Imaginärteil muss der um Größenordnungen kleinere Skalenbereich berücksichtigt werden. Da die verwendeten Gläser in dem betrachteten Spektralbereich einen vernachlässigbaren Absorptionsgrad aufweisen, werden in der Literatur in der Regel keine Angaben zu dem Imaginärteil des Brechungsindex gemacht. Eine exakte Überprüfung der ermittelten Werte ist daher nicht möglich. Es ist jedoch bekannt, dass günstig hergestellte Natron-Kalk-Gläser Verunreinigungen mit Eisenionen aufweisen können, die zu einer geringfügigen Erhöhung des Absorptionsgrads in dem Spektralbereich um λ = 1000 nm führen.

Stahlsubstrate

Für die Verfahrensentwicklung ist weiterhin die Kenntnis der optischen Eigenschaften der polierten Stahlsubstrate essentiell. Aufgrund der Dicke von 4 mm findet keine Transmission statt. Für die Bestimmung des Brechungsindex kann daher lediglich das Reflexionsspektrum gemessen werden. Der Reflexionsgrad steigt von ca. 57 % bei λ = 400 nm auf ca. 80 % bei λ > 2000 nm an (Bild 3-12).

Bild 3-12

Reflexionsspektrum eines polierten und unbeschichteten 100 Cr 6-Stahlsubstrats

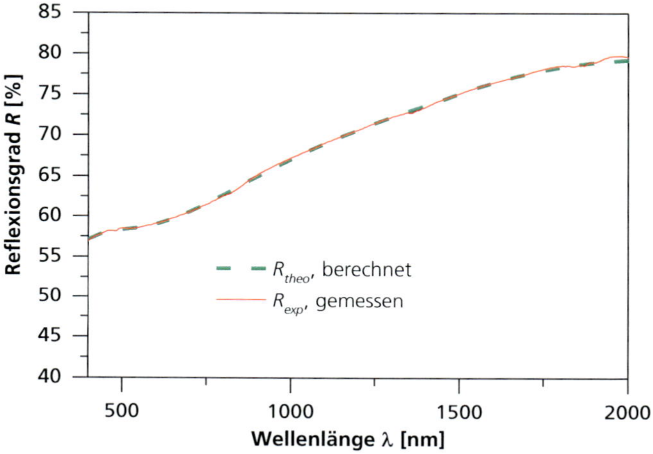

Der ermittelte Verlauf des komplexen Brechungsindex weist die für Metalle typische Charakteristik k > n auf (Bild 3-13).

Bild 3-13

Mittels Scout-Software ermittelter spektraler Verlauf des Real- und Imaginärteils des Brechungsindex des polierten 100 Cr 6 Substrats

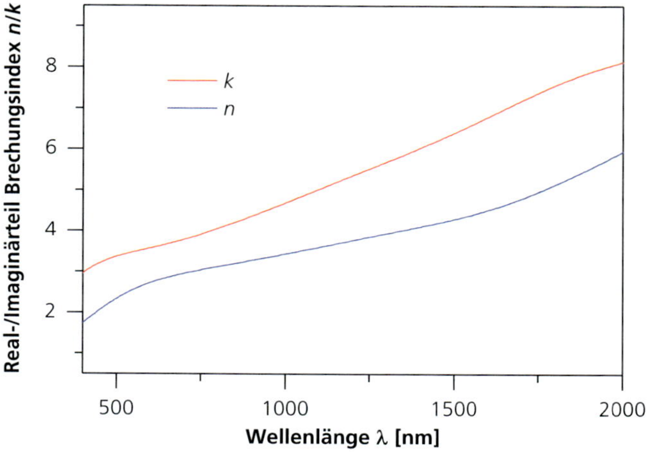

Eine umfassende Verifikation der ermittelten Werte ist nicht möglich, da konkrete Angaben über den Brechungsindex des vergüteten 100 Cr 6-Stahls

mit polierter Oberfläche in der Literatur nicht dokumentiert sind. Mit $n(\lambda = 1{,}06\ \mu m) = 3{,}53$ und $k(\lambda = 1{,}06\ \mu m) = 4{,}88$ stimmen die Ergebnisse jedoch gut mit Werten überein, die von Schmid et al. mittels Ellipsometrie an Stahlfolien (ohne Angabe der Legierung) ermittelt wurden [82]. Weiterhin liegen die Daten grob in der Größenordnung von Werten, die für Eisen gefunden wurden [83]. Mit den ermittelten Werten für den Brechungsindex kann die optische Eindringtiefe gemäß Gleichung 3.4 berechnet werden. Gemäß den erzielten Ergebnissen weist Strahlung im NIR-Bereich in dem Stahlsubstrat eine optische Eindringtiefe in der Größenordnung von 10 nm auf. Die entsprechende Wärmequelle der von dem Stahlsubstrat absorbierten Strahlung wird daher im Rahmen des Wärmeleitungsmodells mit einer Oberflächenquelle beschrieben (vgl. Kapitel 3.3.3).

Beschichtungsmaterial

Das zu untersuchende Beschichtungsmaterial (entwickelt und bereitgestellt durch die Firma Merck KGaA Darmstadt) besteht in seinem Ausgangszustand, der im Folgenden als Basissol bezeichnet wird, aus > 50 % Lösungsmitteln (n-Butanol und 2,4-Pentandion) und Zirkoniumdioxidvorstufen sowie Siliziumdioxidvorstufen (Verhältnis Zirkoniumdioxidvorstufen zu Siliziumdioxidvorstufen 4:1) [64]. Da die Sol-Gel-Schichten nach der Deposition durch Trocknungs- und Vernetzungsprozesse kontinuierlichen Veränderungen unterworfen sind, kann anhand von Literaturwerten keine Angabe über die thermische Beständigkeit des Beschichtungsmaterials gemacht werden.

Für die Laserbehandlung soll im Rahmen dieser Arbeit Diodenlaserstrahlung mit einer Wellenlänge $\lambda = 980$ nm eingesetzt werden. Bei dieser Wellenlänge sind Diodenlaserstrahlquellen mit geringem Preis pro Watt Ausgangsleistung und gleichzeitig vergleichsweise hoher Strahlqualität industriell verfügbar. Um die Energieeinkopplung in die Schicht in diesem spektralen Bereich zu erhöhen, sollen Absorberadditive eingesetzt werden. Neben dem Basissol werden daher Sol-Modifikationen mit zusätzlichen Absorberadditiven untersucht. Als Additive werden Magnetit, Indium-Zinn-Oxid (ITO) und Ruß-Partikel untersucht.

Die optischen Eindringtiefen der mit diesen Absorbermaterialien modifizierten Schichten werden mit der in Kapitel 3.3.2 erläuterten Vorgehensweise ermittelt (Bild 3-9). Dazu werden die Solmodifikationen jeweils mittels Rotationsbeschichtung auf den Objektträgern deponiert und im Ofen getrocknet. Bild 3-14 zeigt die optischen Eindringtiefen der Strahlung mit $\lambda = 980$ nm in Abhängigkeit der hinzugefügten Additive. Demnach kann die optische Eindringtiefe mit dem Ruß-Additiv im Vergleich zu mit dem Basissol hergestellten Schichten auf einen um mehrere Größenordnungen kleineren Wert von δ_{opt} $(\lambda = 980\ nm) \approx 5\ \mu m$ reduziert werden.

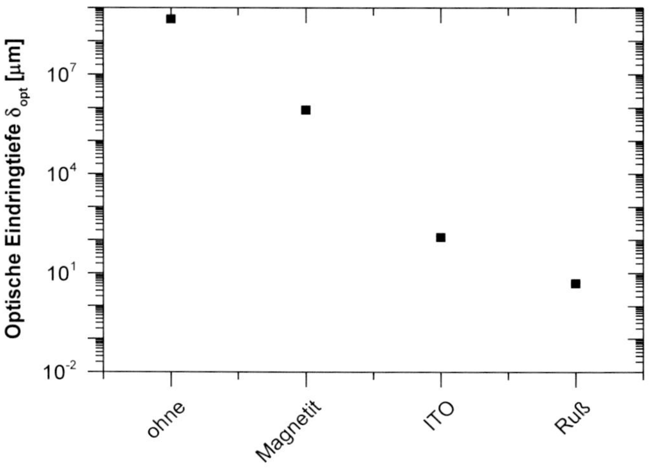

Bild 3-14

Ermittelte optische Eindringtiefen bei λ = 980 nm von getrockneten Schichten mit verschiedenen Absorberadditiven (10 Gew.-% Magnetit, 10 Gew.-% ITO und 2 Gew.-% Ruß)

Das Ruß-Additiv besitzt neben seinen Breitbandabsorptionseigenschaften den Vorteil vergleichsweise geringer Kosten. Diese sind mit Blick auf die Reduzierung der Beschichtungskosten ausschlaggebend für die wirtschaftliche Einsetzbarkeit des Verfahrens. Allerdings handelt es sich bei diesem Additiv um eine organische Substanz, die in zu großen Mengen einen negativen Einfluss auf die Schichteigenschaften hat. Daher wird das Basissol lediglich mit einer geringen Konzentration von 2 Gew.-% modifiziert. Die optischen Eigenschaften des Basissols und der Sol-Modifikation mit 2 Gew.-% Ruß (Basissol2R) werden im Folgenden detailliert untersucht.

In dem betrachteten Spektralbereich zeigen die Transmissionsspektren der mit dem Basissol und dem modifizierten Basissol (Basissol2R) beschichteten Glassubstrate eine Absenkung gegenüber den mit dem Basissol beschichteten Substraten. Die mit dem Basissol2R beschichtete Probe weist wie erwartet für λ < 1500 nm die stärkste Absenkung um 2-5 % auf etwa 85 – 90 % auf (Bild 3-15).

Bild 3-15

Transmissionsspektren eines unbeschichteten Glassubstrats sowie beschichtet mit getrockneten Schichten der jeweiligen Beschichtungsmaterialien (die Anordnung in der Legende entspricht der Anordnung der Kurven)

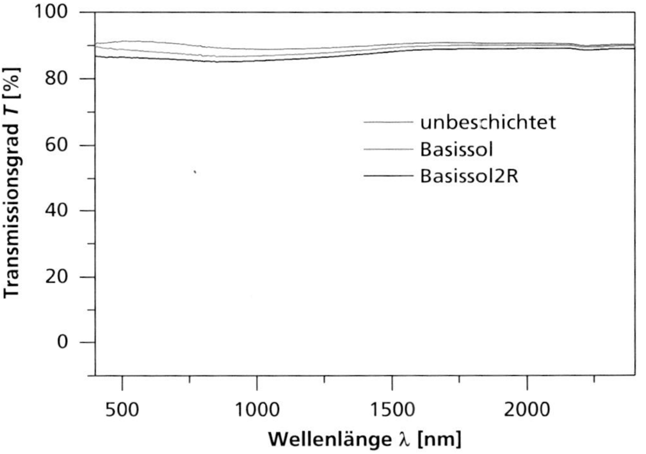

Der Verlauf der Reflexionsspektren der beschichteten Proben zeigt bei λ = 500 – 700 nm die Ausbildung eines Reflexionsmaximums, das auf die für Dünnschichten typische Interferenz der mehrfachreflektierten Strahlung zurückzuführen ist (Bild 3-16). Aufgrund der geringen Kohärenzlänge der verwendeten Messstrahlung werden ähnliche Strukturen bei der Überlagerung der an Vorder- und Rückseite eines unbeschichteten Substrats mehrfachreflektierten Strahlen nicht beobachtet. Im Falle der Dünnschichten ist der Abstand zwischen den Interferenzmaxima bei konstantem Brechungsindex umgekehrt proportional zu der Schichtdicke. Da die erzeugten Schichtdicken nur ca. 100 nm (Bild 3-6) betragen, ist nur das erste, geringfügig ausgeprägte Interferenzmaximum bei $\lambda \approx$ 570 nm messbar (Bild 3-16).

Bild 3-16

Reflexionsspektren eines unbeschichteten Glassubstrats sowie beschichtet mit getrockneten Schichten der jeweiligen Beschichtungsmaterialien (die Anordnung in der Legende entspricht der Anordnung der Kurven)

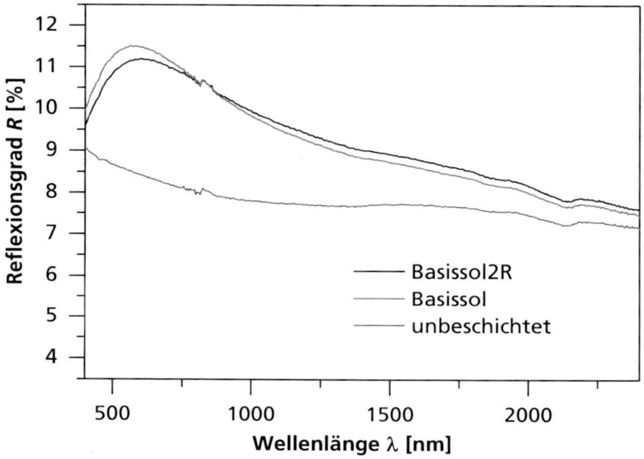

Die aus den gemessenen Transmissions (*T*) – und Reflexionsspektren (*R*) berechneten Absorptionsspektren (*A*) zeigen, dass die Beschichtung mit dem reinen Basissol zu keiner Erhöhung des Absorptionsgrades im Vergleich zu einem unbeschichteten Glassubstrat führt (Bild 3-17). Die Beschichtung mit dem rußhaltigen Basissol2R führt in dem betrachteten Spektralbereich zu einer Erhöhung des Absorptionsgrads des Schichtsystems (Glassubstrat mit Schicht) um ca. 1,5 -2 % (Bild 3-17).

Bild 3-17

Aus den gemessenen *T*-/ und *R*-Spektren berechnete Absorptionsspektren der jeweiligen Proben

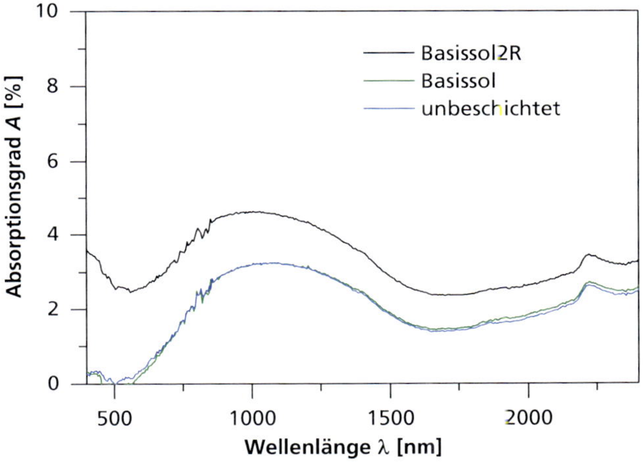

Auf Basis dieser Spektren werden mit Hilfe des in Kapitel 3.3.2 erläuterten inversen Verfahrens die komplexen Brechungsindizes der jeweiligen Materialien ermittelt. Gemäß den ermittelten Werten für den Brechungsindex der getrockneten Sol-Gel-Schichten führt die Verwendung der Solmodifikation mit 2 Gew.-% Ruß verglichen mit dem Basissol zu einer signifikanten Steigerung des zum Absorptionskoeffizienten proportionalen Imaginärteils k, während der Ruß-Gehalt in dem betrachteten Spektralbereich keinen Einfluss auf den Realteil n hat (Bild 3-19).

Bild 3-18

Spektraler Verlauf des Realteils des ermittelten Brechungsindex der unbeschichteten Glassubstrate sowie der getrockneten Sol-Gel-Schichten mit (Basissol2R) und ohne Absorberadditiv (Basissol)

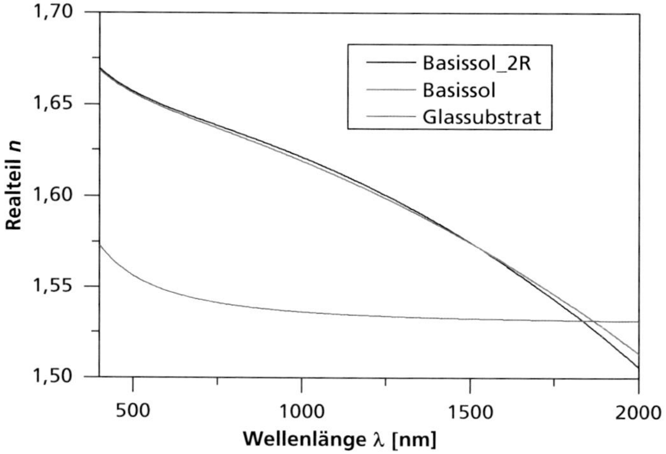

Bild 3-19

Spektraler Verlauf des Imaginärteils des ermittelten Brechungsindex der getrockneten Sol-Gel-Schichten mit (Basissol2R) und ohne Absorberadditiv (Basissol)

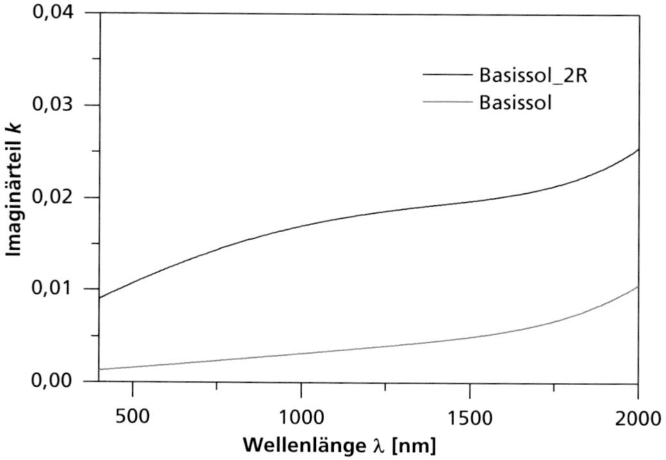

Der Imaginärteil des Brechungsindex der Glassubstrate ist um mehrere Größenordnungen kleiner (Bild 3-11) und wird daher hier nicht mit dargestellt. Zur Verifikation der ermittelten Brechungsindizes der Schichten können die

Daten von ZrO_2-Vollmaterial nicht herangezogen werden, da die Schichten nach der Trocknung lediglich in dem Zustand eines getrockneten Gels sind. Diaz-Parralejo untersucht jedoch in [84] den Brechungsindex ZrO_2-basierter Sol-Gel-Schichten in Abhängigkeit von 2-stündigen Ofenbehandlungen bei verschiedenen Temperaturen. Die dort ermittelten Werte
n (λ = 600 nm, T = 100 °C) = 1,6 und n (λ = 600 nm, T = 200 °C) = 1,7 stimmen sehr gut mit dem in Bild 3-18 dargestellten Verlauf überein.

Bei der gewählten Laserstrahlungswellenlänge von λ = 980 nm beträgt der Imaginärteil des Brechungsindex der Schicht auf Basis der Solmodifikation mit 2 Gew.-% Ruß ca. $k \approx 0{,}0168$ (Bild 3-19). Damit berechnet sich die optische Eindringtiefe in der Schicht gemäß Gleichung 3.6 zu $\delta_{opt}(\lambda = 980\ \text{nm}) \approx 5\ \mu\text{m}$.

Für die Bestimmung der laserinduzierten Wärmequellen ist neben der optischen Eindringtiefe die Kenntnis der jeweiligen Absorptionsanteile der Schicht und des Substrats essentiell. Mit Hilfe der ermittelten Brechungsindizes der Schicht und des Substrats ist die Berechnung dieser Absorptionsanteile mit der *Scout*-Software möglich. Die Berechnungen ergeben für die ausgewählte Basissolmodifikation mit 2 Gew.-% Ruß bei der gewählten Laserstrahlungswellenlänge von λ = 980 nm einen Absorptionsanteil des Stahls von etwa A_{Stahl} = 58 % in Verbindung mit einer optischen Eindringtiefe von etwa 10 – 20 nm. Für den Absorptionsanteil der Schicht ergibt sich der Wert von $A_{Schicht}$ = 4 % in Verbindung mit einer optischen Eindringtiefe von ca. 5 µm. Auf Basis dieser Werte werden in dem folgenden Kapitel die laserinduzierten Wärmequellen definiert.

3.3.3 Erstellung Wärmeleitungsmodell und Lösung der Wärmeleitungsgleichung

Die im Folgenden eingesetzten 4 mm dicken Stahlproben bestehen aus vergütetem 100 Cr 6-Stahl und weisen eine Dichte von ρ = 7,61 kg/dm^3 und eine Schmelztemperatur von ca. 1420 °C auf [70, 73]. Die verwendeten temperaturabhängigen thermophysikalischen Eigenschaften des Stahls sind im Anhang dokumentiert (vgl. Kapitel 7.7). Auf diesen Stahlproben werden die oben beschriebenen Sol-Gel-Schichten ($d_{Schicht} \approx$ 100 nm, Bild 3-6) appliziert. Aufgrund der im Vergleich zur Substratdicke kleinen Schichtdicken wird der Schichtbeitrag zur Wärmeleitung im Rahmen des Modells vernachlässigt.

Vor Beginn der Laserbehandlung weist die Probe an jedem Punkt eine Temperatur von T = 25 °C = $T_{Raumtemperatur}$ auf. Für die Simulation der durch die Laserbehandlung induzierten Temperaturverteilung wird die Wärmeleitungsgleichung

3.7 $$\underbrace{\frac{\partial(\rho \cdot c_p \cdot T)}{\partial t}}_{zeitliche\ \ddot{A}nderung\ der\ W\ddot{a}rme} + div\left(\underbrace{\vec{v} \cdot \rho \cdot c_p \cdot T}_{\text{Konvektion}} - \underbrace{\lambda_{therm} \cdot gradT}_{\text{Diffusion}}\right) = q_{Quelle}$$

mit

ρ	Dichte des laserbehandelten Materials
c_P	spezifische Wärmekapazität des laserbehandelten Materials
$\vec{v}$	Bewegungsgeschwindigkeit der Quelle
λ_{therm}	Temperaturleitfähigkeit
q_{Quelle}	durch die Quelle eingebrachte Wärme

mit temperaturabhängigen Materialeigenschaften gelöst.

Modellierung der laserinduzierten Wärmequellen q_{Quelle}

Die in dem vorangegangenen Kapitel ermittelten optischen Eigenschaften werden dazu genutzt, die Absorptionsanteile des Stahlsubstrats A_{Stahl} und der Schicht $A_{Schicht}$ zu berechnen. Diese ergeben sich durch Berücksichtigung aller in dem Schichtsystem auftretenden Mehrfachreflexionen. Im Rahmen der Simulation wird angenommen, dass die optischen Eigenschaften der Schicht während der Laserbehandlung konstant bleiben. Die für die Wärmeleitungsrechnung relevanten Daten sind in Tabelle 10 zusammengefasst.

Tabelle 10

Mittels Scout ermittelte optische Eindringtiefen und Absorptionsanteile des Stahls und der Schicht (Basissol2R) bei λ = 980 nm

	Absorptionsanteil A_{Stahl} / $A_{Schicht}$[%]	**Opt. Eindrindtiefe δ_{opt}**	**Resultierende Wärmequelle**
Stahl	58	≈ 10 – 20 nm	Oberflächenquelle in dem Stahl
Schicht	4	≈ 5 µm	Volumenquelle in der Schicht

Anschaulich erstreckt sich die durch die absorbierte Laserstrahlung in der ca.100 nm dünnen Schicht induzierte Wärmequelle aufgrund der großen optischen Eindringtiefe von ca. 5 µm entlang des gesamten Schichtquerschnitts, während die in dem Substrat absorbierte Laserstrahlung in einer auf eine dünne Randschicht begrenzten Wärmequelle an der Oberfläche des Substrats resultiert (Bild 3-20).

Bild 3-20

Schematische Darstellung der laserinduzierten Wärmequellen in dem Schichtsystem am Beispiel einer beschichteten Stahlprobe

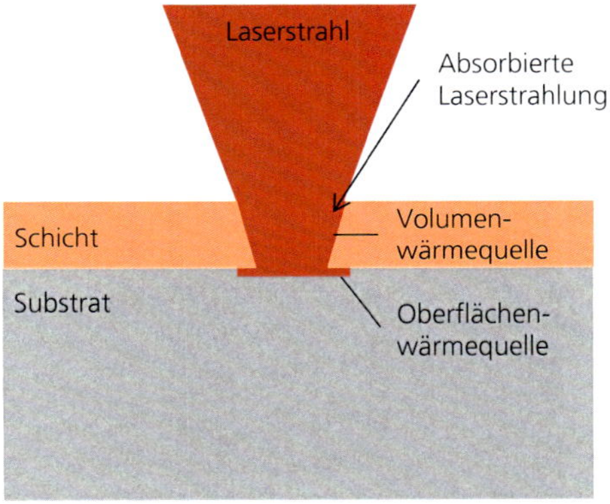

Im weiteren Verlauf werden für die Berechnung der laserinduzierten Temperaturverteilungen – soweit nicht anders beschrieben – die in Tabelle 10 zusammengefassten Werte der laserinduzierten Wärmequellen vorausgesetzt.

<u>Lösung der Wärmeleitungsgleichung mit der Methode der Finiten Elemente</u>

Bei der für die Berechnung der laserinduzierten Temperaturverteilungen aufgestellten Wärmeleitungsgleichung (Gleichung 3.7) handelt es sich um eine parabolische partielle Differentialgleichung mit einem elliptischen Differenzialoperator, für die keine allgemeine analytische Lösung existiert. Daher wird die Gleichung mit Hilfe der Finite-Elemente-Methode (FEM) numerisch gelöst [85]. Wesentlich für die Geschwindigkeit der numerischen Berechnung ist die geschickte Wahl der Vernetzung. Daher nimmt der Knotenabstand ausgehend von einem Wert von 2,5 µm mit dem Abstand zur Probenoberfläche zu (Bild 3-21). Dies ist durch die zu erwartenden kleineren Temperaturgradienten in großer Entfernung zur Wechselwirkungszone legitimiert. Darüber hinaus wird eine so genannte adaptive Vernetzung zur Realisierung eines Gradienten angepassten Netzes eingesetzt. In dem hier betrachteten Fall wird dies durch Mitbewegung eines dem Intensitätsprofil der Laserstrahlung angepassten Netzes umgesetzt (Bild 3-22).

Diese ermöglicht durch Verschiebung der Knotenpunkte eine Vergrößerung der Auflösung der berechneten Temperaturverteilung in der Nähe der Wechselwirkungszone, in der größere Temperaturgradienten auftreten, ohne die Elementstruktur des Gitters zu verändern [85].

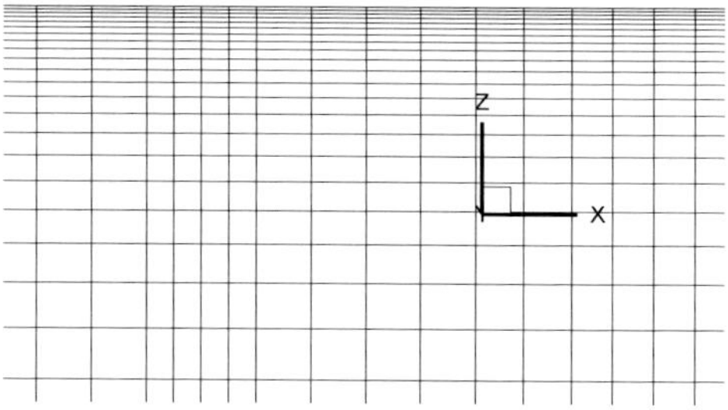

Bild 3-21

Querschnittsansicht des FEM-Netzes mit in negativer z-Richtung zunehmendem Knotenabstand (bei z = 0 befindet sich die Probenoberfläche)

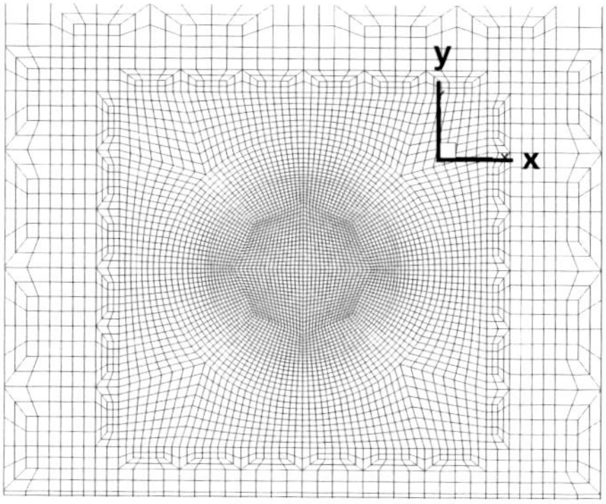

Bild 3-22

Aufsicht auf das in lateraler Richtung intensitäts-angepasste FEM-Netz

Im Rahmen der experimentellen Verfahrensentwicklung ist es mit Blick auf die Homogenität des Bearbeitungsergebnisses unter Umständen interessant , einen Spurversatz d_y zu wählen, der kleiner als der Strahldurchmesser d_S ist. In diesem Fall überfährt der Laserstrahl eine Stelle der Probe n mal (mit $n > 1$). Im Rahmen der FEM-Berechnungen wird jedoch – falls nicht anders beschrieben – nur eine Überfahrt simuliert. In der Regel erfolgt die Berechnung der 3-dimensionalen Temperaturverteilung unter Brücksichtigung der 3-dimensionalen Wärmeleitung. Bei Einsatz von Laserstrahlung mit hohen Pulsrepetitionsraten von ≥ 30 kHz und Pulsdauern im Bereich einiger Nanosekunden (vgl. Kapitel 3.4.2) wird jedoch zur Verkürzung der Berechnungsdauer nur 1-dimensional gerechnet, d.h. in diesem Fall wird lediglich die Wärmeleitung in z-Richtung berücksichtigt.

3.3.4 Verifikation des Wärmeleitungsmodells und Kurzzeit-Temperaturbehandlung des beschichteten Stahls

In Kapitel 3.1 wurde die Härte der verwendeten Stahlsubstrate in Abhängigkeit der Temperatur im Falle einer Temperaturhaltezeit ≥ 15 Minuten untersucht. Ziel dieses Kapitels ist es nun, den Einfluss einer mittels Laserstrahlung realisierten Temperaturbehandlung mit signifikant kürzerer Temperaturhaltezeit zu untersuchen. Die daraus resultierenden Ergebnisse der experimentellen Analyse der laserbehandelten Stahlsubstrate werden im Anschluss mit den FEM-berechneten Temperaturverteilungen verglichen. Zu diesem Zweck werden polierte Stahlsubstrate mit dem Basissol2R beschichtet. Dies ermöglicht die FEM-Berechnung der laserinduzierten Temperaturverteilungen auf Basis des erstellten Wärmeleitungsmodells dieses Schichtsystems (vgl. Kapitel 3.3.3, Tabelle 10). Untersucht wird an dieser Stelle jedoch zunächst nur der Einfluss auf das Gefüge des Stahlsubstrats. Die Gegenüberstellung der berechneten Temperaturverteilungen und der experimentellen Ergebnisse ermöglicht neben Erkenntnissen über den Einfluss der Temperaturhaltezeit und Temperatureindringtiefe bei der laserbasierten Kurzzeit-Temperaturbehandlung die Verifikation des in Kapitel 3.3 aufgestellten Wärmeleitungsmodells. Die Untersuchung wird mit dem in Kapitel 4.1 im Detail erläuterten Versuchsaufbau mit der in Tabelle 17 aufgeführten cw-Strahlquelle durchgeführt. Dabei wird die Strahlung des fasergekoppelten Diodenlasermoduls mittels Galvoscanner über die Probe geführt. Im Rahmen des vorliegenden Kapitels werden die in Tabelle 11 zusammengefassten Verfahrensparameter verwendet.

Tabelle 11

Verwendeter Verfahrensparameterbereich für die Kurzzeit-Temperaturbehandlung mit cw-Laserstrahlung

Verfahrensparameter	**Wert**
Wellenlänge λ	980 nm
Strahldurchmesser d_S	0,34 mm
Scangeschwindigkeit v_{scan}	500 mm/s
Scanvektorlänge x_{scan}	30 mm
Laserausgangsleistung P_L	70 - 150 W

Im Rahmen dieser Versuchsreihe wird die laserinduzierte Maximaltemperatur durch Erhöhung der Laserausgangsleistung schrittweise erhöht (Bild 3-23).

Bild 3-23

Mit dem in Kapitel 3.3.1 dargestellten Modell (Daten der Wärmequellen in Tabelle 10) simulierte Spitzentemperaturen T_{max} an der Oberfläche einer Stahlprobe mit ofengetrockneter Schicht

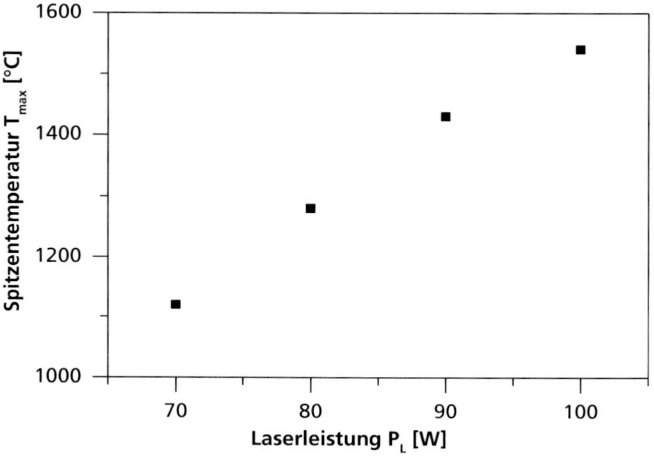

In dem geätzten Querschliff der laserbehandelten Probe zeigt sich dies in einem Temperatureinflussbereich mit steigender Gesamttiefe. Diese steigt mit der Leistung von ca. 45 µm (P_L = 70 W) auf ca. 70 µm (P_L = 100 W) an (Bild 3-24).

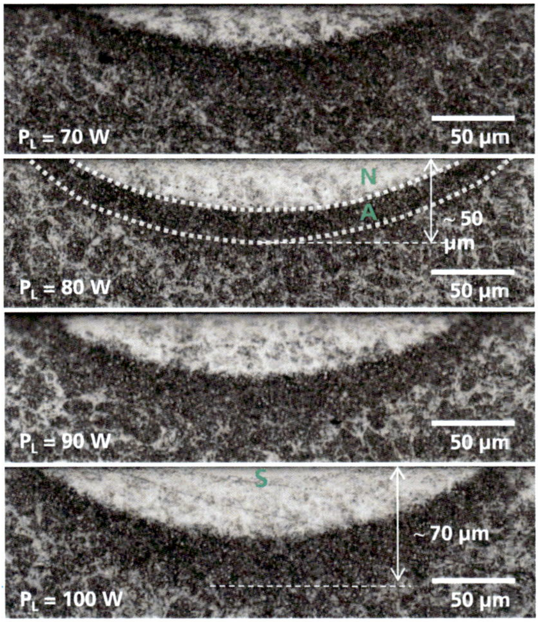

Bild 3-24

Lichtmikroskopische Aufnahmen des geätzten Querschliff der mit 70 W (a), 80 W (b), 90 W (c) und 100 W (d) behandelten Probe

Die Wärmeeinflusszone ist für $P_L \leq 90$ W zweigeteilt. An der Probenoberfläche befindet sich ein heller Bereich (N in Bild 3-24), der ca. bei 2/3 der Gesamttiefe in einen dunklen Bereich (A in Bild 3-24) übergeht. Für $P_L \geq 100$ W entsteht an der Probenoberfläche ein dritter sehr homogener Bereich (S in Bild 3-24). Die Homogenität dieses Bereichs deutet darauf hin, dass die Soliduslinie hier deutlich überschritten wurde. Da die berechnete Maximaltemperatur an der Oberfläche für $P_L = 100$ W mit $T_{max} = 1540$ °C deutlich über der Schmelztemperatur des 100 Cr 6 liegt (Schmelztemperatur 1400 – 1450 °C gemäß [72, 73]), stimmen die Simulationsergebnisse mit den experimentellen Analyseergebnissen überein. Bei $P_L = 90$ W wird gemäß FEM-Berechnung mit $T_{max} = 1430$ °C ebenfalls die Schmelztemperatur überschritten. Aus der Literatur ist jedoch bekannt, dass eine sehr kurzzeitige Überschreitung der Soliduslinie vorliegen kann, ohne dass das Gefüge in den flüssigen Zustand übergeht [86]. Zur Identifikation der in den mit „N" bzw. „A" gekennzeichneten Bereichen vorliegenden Gefügeveränderungen werden Nanoindentationsmessungen (Vgl. Kapitel 7.4.2) entlang der Wärmeeinflusszone am Beispiel der mit $P_L = 80$ W behandelten Probe durchgeführt (Bild 3-25).

Bild 3-25

Polierter Querschliff der mit P_L = 80 W behandelten Probe mit dem Verlauf der Nanoindentationsmesspunkte

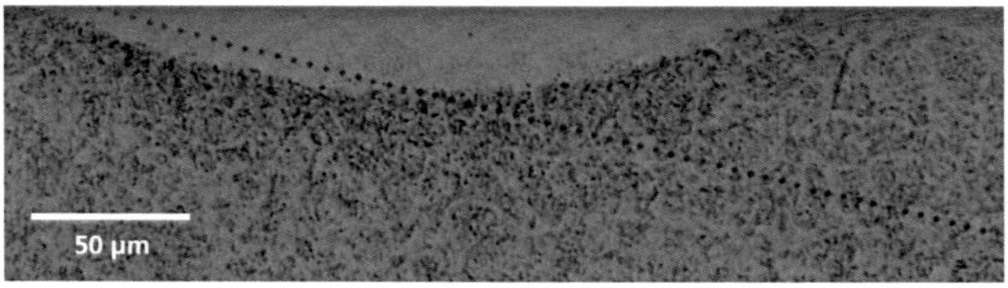

Um eine möglichst große Messauflösung zu erreichen, wird mit der geringen Prüfkraft von F_{Nano} = 30 mN gemessen. Diese liegt gemäß den in Bild 3-3 dargestellten Ergebnissen in dem sinnvollen Messbereich, in dem die Messwerte bereits weitestgehend unabhängig von der Prüfkraft sind. Mit dieser Kraft wird im Grundgefüge (z < -50 µm) eine Härte von (930 ± 164) HV 30 mN gemessen (Bild 3-26).

Bild 3-26

Verlauf der gemessenen Vickershärte in HV 30 mN in Abhängigkeit der Tiefe z (orthogonale Entfernung von der Probenoberfläche) für den Fall der Laserbehandlung mit P_L = 80 W

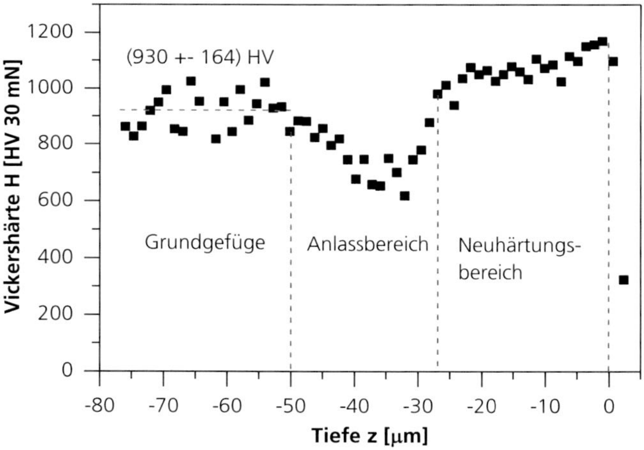

Dies stimmt im Rahmen der Genauigkeit mit der zuvor ermittelten Härte des Grundgefüges überein (siehe Kapitel 3.1). Die große Ungenauigkeit kommt dadurch zustande, dass die an einem einzelnen Punkt gemessene Härten aufgrund der Ortsabhängigkeit der Gefügestruktur signifikant voneinander abweichen können. An dieser Stelle sei jedoch noch mal darauf hingewiesen, dass bei dieser Betrachtung lediglich der relative Unterschied der Härtemesswerte betrachtet wird. Der Härteverlauf zeigt bis zu einer Tiefe von z = - (26,5 ± 2) µm einen Neuhärtungsbereich, in dem die gemessene Härte größer als die Härte des Grundgefüges ist. Diese Tiefe stimmt sehr gut mit der Tiefe des hellen Bereichs N in Bild 3-24 überein. Der Bereich -50 µm < z < -

26,5 µm kann dagegen als Anlassbereich identifiziert werden, da hier die gemessene Härte kleiner als die Härte des Grundgefüges ist. Für z < -50 µm wird die Härte des Grundgefüges gemessen. Im Folgenden soll das in Kapitel 3.3.3 aufgestellte Wärmeleitungsmodell anhand dieser Ergebnisse verifiziert werden.

Voraussetzung für die Härtung des Stahls ist die Bildung von Austenit. Die Austenitbildung beginnt oberhalb der AC1 Temperatur im Eisen-Kohlenstoffdiagramm. Diese liegt für 100 Cr 6 je nach Aufheizrate in dem Bereich 750 °C < T_{AC1} < 830 °C [72, 87]. Da die Austenitbildung ein diffusionsgesteuerter Vorgang ist, steigt T_{AC1} bei Erhöhung der Aufheizrate. Jedoch wird für Aufheizraten > $2 \cdot 10^3$ K/s eine kritische AC1 Temperatur von ca. 830 °C erreicht, die bei weiterer Steigerung der Aufheizrate nicht überschritten wird. Dies ist gemäß [86] darauf zurückzuführen, dass die Umwandlung des Gefüges dann nicht mehr rein diffusionsgesteuert ist. Experimentell wird in [86] mittels Kurzzeit-Reibimpulshärtung (Pulsdauer 90 ms) eine Neuhärtungstemperatur von vorgehärtetem 100 Cr 6 Stahl von ca. 800 °C identifiziert. Im Folgenden wird angenommen, dass diese Ergebnisse auf den Fall der Laserbehandlung übertragbar sind. Unter dieser Annahme müssen in dem Fall der Bearbeitung mit P_L = 80 W aufgrund der in Bild 3-26 nachgewiesenen Neuhärtungszone bis zu der Tiefe z = -26,5 µm Temperaturen T ≥ 800 °C vorgelegen haben. Gemäß der FEM-Berechnung für P_L = 80 W werden in der Tiefe z ≥ - 26,5 µm Maximaltemperaturen von T_{max} ≥ 780 °C erreicht (Bild 3-27).

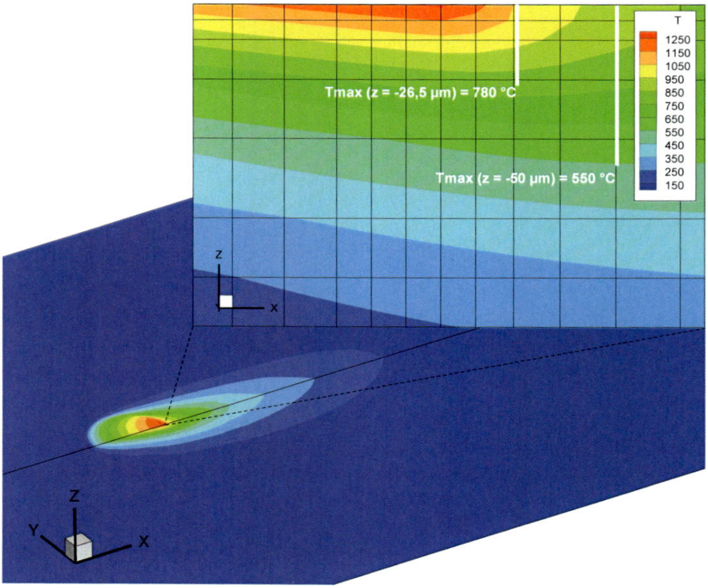

Bild 3-27

Simulierte Temperaturverteilung in dem Koordinatensystem des Laserstrahls (nach Einstellung eines stationären Zustands) für P_L = 80 W in der perspektivischen Ansicht mit vergrößerter Querschnittsansicht

Werden bei der FEM-Berechnung die möglichen Genauigkeiten der Eingangsgrößen (Schichtdicke, Absorptionseigenschaften, usw.) berücksichtigt, so kann von einem Toleranzbereich der simulierten Temperaturen von ca. ± 50 °C ausgegangen werden. Darüber hinaus unterliegt die Messung der Tiefe des Neuhärtungsbereichs einer Ungenauigkeit von ca. ± 2 µm. Weiterhin muss berücksichtigt werden, dass die genauen Vergütungsbedingungen des verwendeten Stahls nicht bekannt sind. Aus der Literatur ist bekannt, dass das Ausgangsgefüge einen großen Einfluss auf die Umwandlungsprozesse im Rahmen der Temperaturbehandlung hat.

Damit kann festgestellt werden, dass die experimentell ermittelte Neuhärtungstiefe mit den Ergebnissen der FEM-Berechnung im Rahmen der zu erwartenden Genauigkeit übereinstimmen. Weiterhin ist die Feststellung von Schmelzeffekten für P_L = 100 W im Einklang mit den FEM-berechneten Maximaltemperaturen. Im weiteren Verlauf der Arbeit wird basierend auf dieser Tatsache davon ausgegangen, dass die FEM-berechneten Temperaturen mit einer Genauigkeit von ≤ ± 100 °C mit den real erzeugten Temperaturen übereinstimmen.

Anhand des Abgleichs der experimentell ermittelten Anlasstiefe (ca. 50 µm bei P_L = 80 W, Bild 3-24) und der berechneten Temperaturverteilungen kann die Anlasstemperatur des Stahls im Rahmen von Kurzzeit-Temperaturbehandlungen mit Wechselwirkungszeiten von ca. 700 µs ermittelt werden. In der Tiefe z = - 50 µm wird in dem Fall der Bearbeitung mit P_L = 80 W eine Maximaltemperatur von T_{max} = 550 °C erreicht. Diese liegt deutlich über der für Langzeit-Temperaturbehandlungen (t ≥ 15 Min.) identifizierten Anlasstemperatur von T = 150 °C (vgl. Kapitel 3.1). Die Temperaturhaltezeit hat demnach einen maßgeblichen Einfluss auf den Effekt der Temperaturbehandlung.

Gemäß simulierter Temperaturverteilung beträgt die Haltezeit von T ≥ 550 °C für den Fall der Laserbehandlung mit P_L = 80 W in der Tiefe z = - 50 µm ca. 250 µs (Bild 3-28).

Bild 3-28

FEM-simulierte Temperaturhaltezeit t_H (T>550°C) als Funktion des Abstands von der Probenoberfläche z (P_L = 80 W, v_{scan} = 500 mm/s)

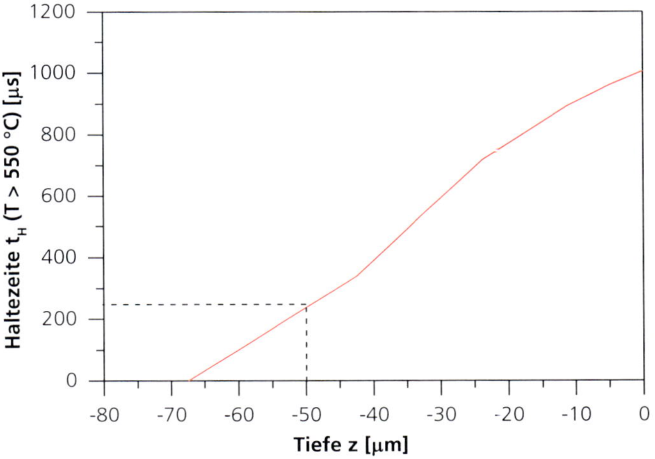

Für z < -50 µm ist im Querschliff kein Anlasseffekt mehr messbar (Bild 3-26). Demnach muss die oben getroffene Aussage über die Anlasstemperatur im Rahmen von Kurzzeit-Temperaturbehandlungen um die folgende Information über die erforderlichen Haltezeiten ergänzt werden: Bei einer Wechselwirkungszeit zwischen Laserstrahl und Probe von ca. 700 µs verursachen Temperaturen ≥ 550 °C in Verbindung mit Haltzeiten von t_H ≥ 250 µs einen Anlasseffekt. Bei Haltezeiten t_H ≤ 250 µs liegt die Anlasstemperatur des Stahls oberhalb von 550 °C.

Damit ist die Grundbedingung für die Realisierung laserbasierter Temperaturbehandlungsverfahren auf temperaturempfindlichen Substraten erfüllt. Gemäß diesem Ergebnis können teilweise erforderliche Funktionalisierungstemperaturen an der Substratoberfläche erzeugt werden, ohne Schädigungen in dem Substrat zu bewirken. Die Untersuchung der Möglichkeiten weiter reduzierter Haltezeiten ist daher naheliegend und zielführend.

Reduzierung der Wärmeeinflusszone durch gepulste Strahlung

Bei Verwendung gepulster Strahlung wird die Wechselwirkungszeit zwischen Laserstrahl und Probe auf die Pulsdauer t_P reduziert. In der folgenden Versuchsreihe wird der in Kapitel 4.1 erläuterte Versuchsaufbau und die in Tabelle 17 aufgeführte gepulste Diodenlaserstrahlquelle verwendet, um den Zusammenhang zwischen der Wärmeeinflusszone und der Temperatur bei weiter reduzierten Temperaturhaltezeiten zu untersuchen.

Im Rahmen der Versuchsreihe wird bei konstanter Pulsrepetitionsfrequenz f = 5 kHZ, Pulsdauer t_P = 20 µs und Scangeschwindigkeit v_{scan} = 500 mm/s die Pulsenergie sukzessive von E_P = 2 bis 9 mJ erhöht (Tabelle 12).

Tabelle 12

Parameter der gepulsten Laserbehandlung

Verfahrens-parameter	Wert
Pulsenergie E_P	2 - 9 mJ
Frequenz f	5 kHz
Pulsdauer t_P	20 µs
v_{scan}	500 mm/s

Für E_P < 9 mJ wird in Kombination mit diesen Verfahrensparametern keine Gefügeveränderung beobachtet. Bei E_P = 9 mJ wird im Querschliff erstmals eine geringfügige Veränderung festgestellt. Bis zu einer Tiefe von z = -5 µm sind in diesem Fall angedeutete Gefügeveränderungen sichtbar (Bild 3-29).

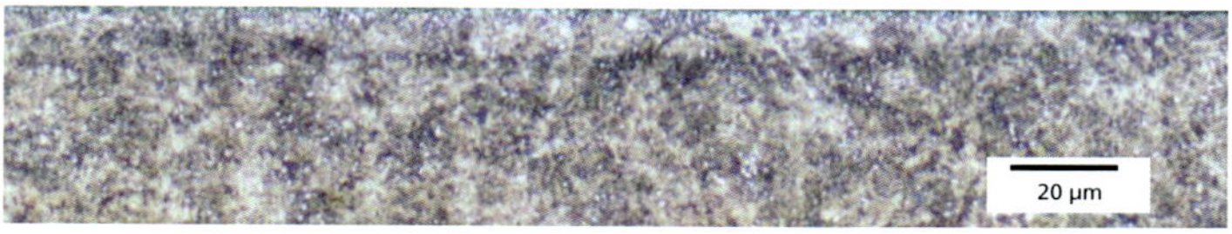

Bild 3-29

Lichtmikroskopische Aufnahme des Querschnitts der mit E_P = 9 mJ behandelten Probe

Die Gefügeveränderungen sind jedoch so schwach ausgeprägt, dass ein Anlasseffekt nicht eindeutig identifiziert werden kann. Dennoch sollen die Grenzbedingungen für die Änderungen ermittelt werden. Gemäß der FEM-Simulation wird in der Tiefe z = -5 µm die Maximaltemperatur T_{max} ≈ 1000 °C erreicht (Bild 3-30).

Bild 3-30

FEM-simulierte Temperaturverteilung der Laserbehandlung mit gepulster Strahlung (E_P = 9 mJ) und den in Tabelle 12 zusammengefassten Verfahrensparametern

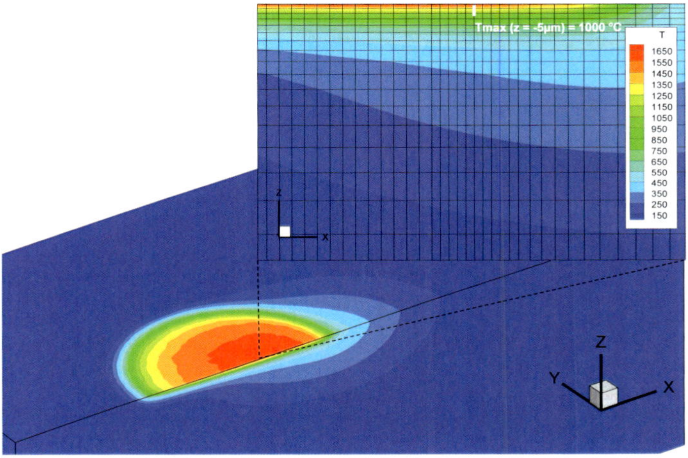

In der Tiefe z = -5 µm beträgt die Haltezeit gemäß der FEM-Berechnung t_H (T ≥ 1000 °C) ≈ 18 µs.

Bild 3-31

FEM-berechnete Haltezeiten von Temperaturen ≥ 1000 °C als Funktion der Tiefe für die Behandlung mit gepulster Laserstrahlung und einer Spitzentemperatur von T_{max} = 1650 °C

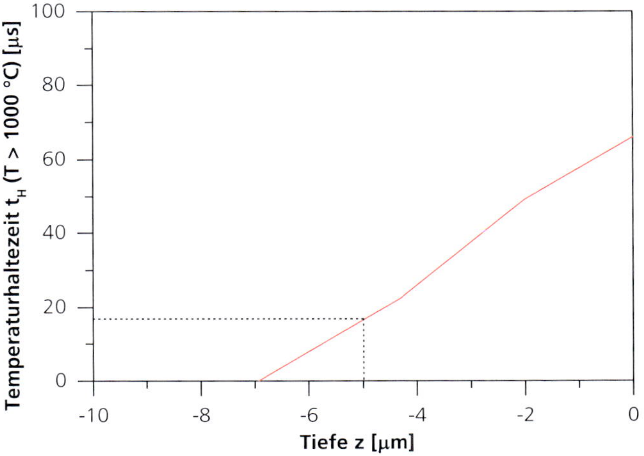

Durch Reduzierung der Haltezeit ist damit eine signifikante Steigerung der Grenztemperatur für Gefügeveränderungen auf T = 1000 °C möglich. Damit

gelingt die Erzeugung von Maximaltemperaturen T > 1500 °C an der Probenoberfläche ohne eindeutig nachweisbaren Anlasseffekt in dem Stahlsubstrat. Ob die in Bild 3-29 sichtbare, geringfügige Gefügeveränderung negative Auswirkungen auf die Verschleißfestigkeit hat, muss in weitergehenden Untersuchungen geprüft werden. Die erzeugten Maximaltemperaturen übersteigen die Schmelztemperatur des Stahls deutlich. Die sehr geringen Haltezeiten der Temperaturen > 1500 °C von < 20 µs führen jedoch dazu, dass diese kurzzeitige Überschreitung der Soliduslinie keine nachweisbaren Schmelzeffekte zur Folge hat.

Die in diesem Kapitel dargestellten Versuchsreihen liefern zusammenfassend die folgenden wesentlichen Ergebnisse, die von großer Wichtigkeit für den weiteren Verlauf der Arbeit sind.

1. Das aufgestellte Wärmeleitungsmodell kann anhand der Gegenüberstellung der FEM-berechneten Temperaturverteilungen und den realen Temperatureinflussbereichen im Rahmen der Genauigkeiten der Eingangsgrößen verifiziert werden. Im weiteren Verlauf der Arbeit wird davon ausgegangen, dass die simulierten Temperaturen mit einer Genauigkeit von ± 100 °C mit den real vorliegenden Temperaturen übereinstimmen.

2. Durch Reduzierung der Temperaturhaltezeiten ist es möglich, die Grenztemperaturen für Gefügeveränderungen in dem Stahlsubstrat signifikant zu steigern. Konkret wird die Grenztemperatur durch Verwendung von Pulsdauern t_P = 20 µs auf T = 1000 °C bei einer Haltezeit von t_H (z = -5, T = 1000 °C) ≈ 18 µs gesteigert. Damit gelingt die Realisierung von T_{max} ≥ 1500 °C an der Probenoberfläche ohne Anlass- oder Schmelzeffekte in dem Stahlsubstrat (Veranschaulichung in Bild 3-32).

Bild 3-32

Schematische Darstellung der simulierten Temperatur als Funktion der Zeit während eines Laserpulses

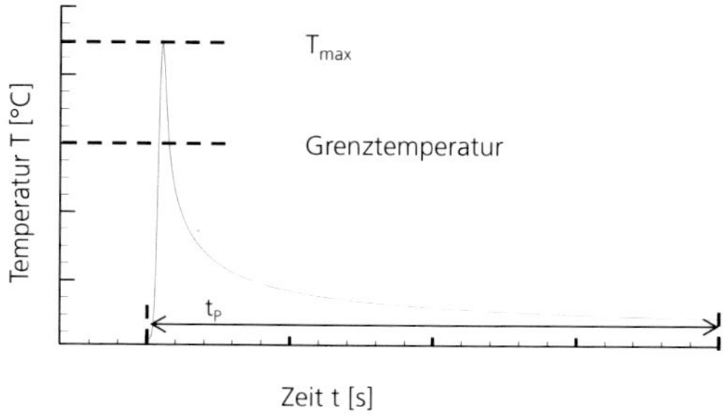

3.4 Untersuchung des Einflusses laserbasierter Kurzzeit-Temperaturbehandlungen auf die Sol-Gel-Schichten

3.4.1 Versuchsbeschreibung

Ziel der folgenden Voruntersuchung ist der grundsätzliche Nachweis, dass die Funktionalisierung des Beschichtungsmaterials mit einer laserbasierten Temperaturbehandlung möglich ist. Darüber hinaus sollen durch einen Abgleich der experimentellen Ergebnisse mit den entsprechenden FEM-berechneten Temperaturverteilungen die für die Funktionalisierung der Schichten erforderlichen Maximaltemperaturen ermittelt werden. Auf Basis dieser Erkenntnisse kann dann in dem darauffolgenden Kapitel der zielführende Parameterbereich für die Funktionalisierung der Schichten auf Stahlsubstraten simulativ eingeschränkt werden.

Vorangegangene Untersuchungen von Uhlmann et al. haben gezeigt, dass konventionelle Ofenbehandlungen eine Verdichtung und Kristallisierung der Schichten bewirken. Diese Schichtstrukturmodifikationen resultieren in einem signifikanten Anstieg der Schichthärte und der mechanischen Beständigkeit [64]. Dabei sind bereits im Rahmen des konventionellen Ofenprozesses mit vergleichsweise langer Haltezeit (i.d.R. im Minutenbereich) Temperaturen von ≥ 800 °C erforderlich. Aufgrund der signifikant kürzeren Haltezeit wird erwartet, dass die erforderlichen Temperaturen im Rahmen der Laserbehandlung die 800 °C deutlich überschreiten. Daher stellt die Realisierung der laserbasierten Schichtfunktionalisierung für sich genommen bereits eine Herausforderung dar. Diese soll zunächst losgelöst von auf die anlassempfindlichen Stahlsubstrate zurückzuführenden Effekten (wie z.B. Oxidation der Oberfläche) betrachtet werden. Zu diesem Zweck werden die Schichten auf Quarzglassubstraten mit einer Dicke von 2 mm appliziert, deren Oberfläche auch bei höheren Temperaturen von > 800 °C keinen temperaturabhängigen Effekten mit Einfluss auf die Schichtstruktur unterliegt.

Die mit Isopropanol gereinigten Quarzglasoberflächen werden mittels Rotationsbeschichtungsverfahren mit dem Beschichtungsmaterial Basissol2R beschichtet und im Anschluss im Ofen vorgetrocknet (Tabelle 13).

Tabelle 13

Parameter Ofentrockrung

Parameter	Wert
Ofentemperatur	150 °C
Haltezeit	1 h
Aufheizzeit	15 Min.

Die laserbehandelten Schichten werden im Anschluss einer Analyse hinsichtlich ihrer Nanostruktur und mechanischer Beständigkeit unterzogen. Die Ergebnisse dieser Analysen werden schließlich den mittels FEM simulierten Temperaturverteilungen gegenübergestellt, um Erkenntnisse über die erforderlichen Spitzentemperaturen zu gewinnen. Eine quantitative Analyse der erzielten Schichthärten ist aufgrund der geringen Einzelschichtdicken nicht möglich. Dieses Hindernis wird im weiteren Verlauf der Arbeit in Kapitel 4.4 durch Erzeugung von Mehrschichtstapeln überwunden. Im Rahmen des vorliegenden Kapitels erfolgt die Bewertung der Abriebfestigkeit jedoch zunächst mittels Kalottenschleifverfahren (vgl. Kapitel 7.4.1).

3.4.2 Eingesetzte Lasertechnik und Bearbeitungsstrategie

Angestrebt wird eine Umsetzung des Verfahrens mit industriell kostengünstig einsetzbaren Diodenlaserstrahlquellen mit einer Wellenlänge von ca. 1 µm. Da bei der Verwendung von Quarzglassubstraten und Laserstrahlung dieser Wellenlänge kaum Energieeinkopplung über das Substratmaterial möglich ist und diese dementsprechend nur über die in die Beschichtung eingebrachten Absorberpartikel erfolgen kann, muss im Rahmen dieser Versuchsreihe eine Strahlquelle mit signifikant höherer Pulsspitzenintensität eingesetzt werden als in den folgenden Versuchsreihen auf Stahlsubstraten erforderlich sein wird.

Eingesetzt wird daher eine Laserbearbeitungsanlage mit einem Nd:YAG Festkörperlaser (Rofin DY 020) mit den in Tabelle 14 zusammengefassten Kennwerten (Strahldiagnose und Leistungsmessung in Kapitel 7.7).

Tabelle 14

Parameter der für die Versuche auf Quarzglassubstraten eingesetzten Laserbearbeitungsanlage (Strahlquelle: Rofin DY020)

	Symbol	Wertebereich
Kollimationsbrennweite	f_k	80 mm
Fokussierungsbrennweite (F-Theta)	f_{fok}	100 mm
Strahldurchmesser am Werkstück	d_S	0,72 mm
Wellenlänge	λ	1064
Mittlere Laserausgangsleistung	P_L	Max. 800 W
Pulsenergie	E_P	1,6 – 15,8 mJ
Pulsdauer	t_P	150 – 900 ns
Pulswiederholfrequenz	f	30 / 50 kHz

Mit dieser Konfiguration beträgt die maximale Pulsintensität am Werkstück ca. $2{,}6 \cdot 10^7$ W/cm² (bei 100 % Leistungsvorgabe). Die Pulsdauer ändert sich in Abhängigkeit von der Laserausgangsleistung. Bei 100 % Leistungsvorgabe und maximaler Pulsrepetitionsfrequenz von 50 kHz beträgt die Pulsdauer ca. 150 ns (Halbwertsbreite, FWHM[4]).

Der Laserstrahl wird mittels Galvoscanner mäanderförmig über die Probe geführt, um eine 2-dimensionale Bearbeitung zu realisieren. Eine genaue

[4] engl.: Full Width Half Maximum

Erläuterung der mäanderförmigen Strahlführung erfolgt in Kapitel 4.1 (Bild 4-2).

3.4.3 Ergebnis

In Voruntersuchungen wird der Energieeintrag bei v_{scan} = 4000 mm/s durch Erhöhung der Pulsenergie E_P und Pulsrepetitionsfrequenz f sukzessive erhöht. Die Auswertung dieser Versuche erfolgt mittels Lichtmikroskopie. Die Bilder werden hier nicht gezeigt, da für $f < f_{max}$ = 50 kHz und $E_P < E_{P,max}$ = 15,8 mJ keine Veränderung der Beschichtung nachgewiesen werden kann. Daher wird im Folgenden bei maximaler Pulsrepetitionsfrequenz f_{max} = 50 kHz und Pulsenergie $E_{P,max}$ = 15,8 mJ der Energieeintrag durch Reduzierung der Scangeschwindigkeit im Bereich 4000 – 100 mm/s weiter erhöht.

Die Röntgenbeugungsanalyse unter streifendem Einfall (GIXRD[5]) der laserbehandelten Proben zeigt in diesem Bereich eine zunehmende Kristallisierung mit abnehmender Scan-Geschwindigkeit (Tabelle 15, Bild 3-33).

Tabelle 15

Konstante Verfahrensparameter

Parameter	Symbol	Wertebereich
Wellenlänge	λ	1064
Mittlere Laserausgangsleistung	P_L	800 W
Pulsenergie	E_P	15,8 mJ
Pulsdauer (1/e²)	t_P	185 ns
Pulswiederholfrequenz	f	50 kHz
Spurversatz	d_y	0,18 mm

[5] engl., Grazing Incidence X-Ray Diffraction

Bild 3-33

Ergebnis der GIXRD-Analyse der laserbehandelten Sol-Gel-Schichten auf Quarzglas. Die experimentell ermittelten Peakpositionen sind durch die gestrichelten Linien gekennzeichnet

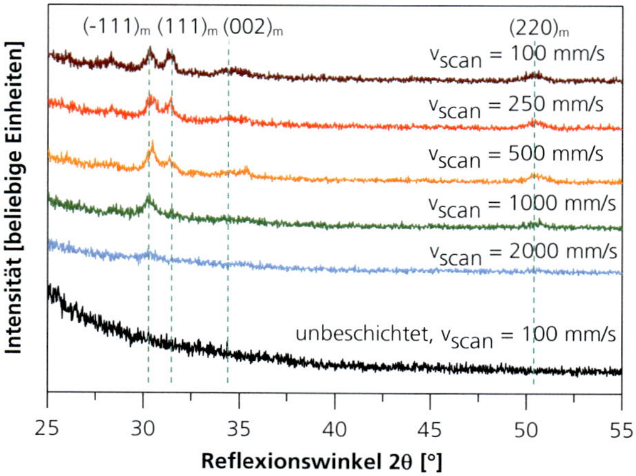

Die anhand der Spektren ermittelten Peak-Positionen stimmen gut mit Literaturwerten für die Lage der Bragg-Reflexe von kristallinem ZrO_2 in der monoklinen Phase überein (Tabelle 16).

Tabelle 16

Reflex-Positionen der monoklinen ZrO_2-Kristallphase in dem betrachteten Reflexions-winkelintervall [88]

hkl-Ebene	Exp. Ermittelte Lage 2Θ [°]	Literaturwert 2Θ [°]
(-111)m	30,28	28,242
(111)m	31,28	31,529
(002)m	34,36	34,207
(220)m	50,2	50,235

Die geringfügige Verschiebung der Bragg-Reflexe gegenüber den Literaturwerten kann darauf zurückgeführt werden, dass die nanokristallinen Schichten aus amorphen Sol-Gel-Schichten hervorgegangen sind, und demnach Gitterdefekte aufweisen. Die Tatsache, dass abweichend von den Voruntersuchungen von Uhlmann et al. [64] in der hier durchgeführten Versuchsreihe die monokline ZrO_2-Kristallphase entsteht, soll an dieser Stelle nicht detailliert diskutiert werden. Es sei nur erwähnt, dass die tetragonale ZrO_2-Phase lediglich stabil vorliegen kann, wenn das ZrO_2-Gitter mit geeigneten Dotierungselementen stabilisiert wird (siehe dazu Kapitel 2.5) [54, 84]. In der Regel wird zu diesem Zweck Yttrium oder SiO_2 eingesetzt. Es ist denkbar, dass die in dem hier verwendeten Beschichtungsmaterial vorhandenen SiO_2-Vorstufen eine Verbindung mit den SiO_2-Molekülen an der Oberfläche des Quarzglassubstrats eingegangen sind und demnach keine Dotierungsatome für die Stabilisierung des ZrO_2-Gitters zur Verfügung stehen.

Bis zu der Scangeschwindigkeit von 500 mm/s nimmt die Intensität der Bragg-Reflexe, die proportional zu dem Kristallisationsgrad der Schichten ist, mit abnehmender Scangeschwindigkeit zu (Bild 3-33). Durch Reduzierung auf $v_{scan} < 500$ mm/s kann jedoch kein weiterer Anstieg der Bragg-Reflex-Intensitäten erzielt werden. Scheinbar hat der Kristallisationsgrad der Schichten durch die Behandlung mit $v_{scan} = 500$ mm/s sein Maximum erreicht. Dies kann damit erklärt werden, dass das Kornwachstum in dünnen Schichten durch die Schichtdicke begrenzt ist. Die transmissionselektronische Aufnahme (TEM-Aufnahme) des FIB[6]-Querschnitts der mit $v_{scan} = 500$ mm/s behandelten Probe zeigt, dass in diesem Fall bereits Kristallite in der Größe von ca. 10 nm entstanden sind (Bild 3-34).

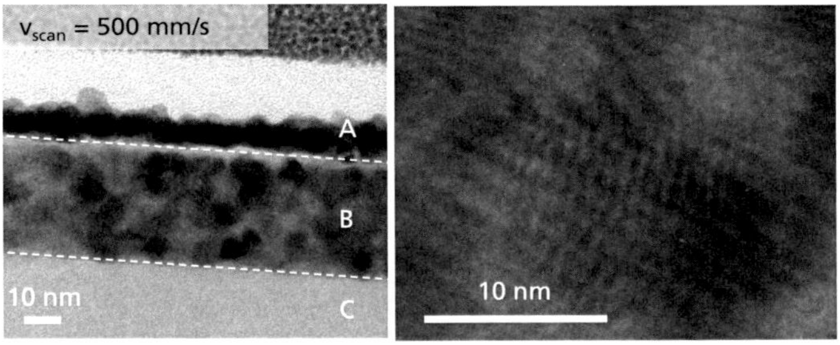

Bild 3-34

TEM-Aufnahme des FIB-Querschnitts einer mit $v_{scan} = 500$ mm/s, bearbeiteten Schicht (links) (A:Präparationsdeckschicht, B: ZrO_2-Schicht, C:Quarzglas) und vergrößerter Ausschnitt mit Moiré-Effekt (rechts)

Die innerhalb dieser Strukturen auftretenden Linienmuster sind auf den Moiré-Effekt zurückzuführen. Dieser Effekt tritt bei Überlagerung mehrerer zueinander verdrehter Raster mit etwa gleichen Rasterabständen auf. In dem Fall eines polykristallinen Materials können die verschiedenen zueinander verdrehten Gitterebenenscharen einen vergleichbaren Effekt bewirken. Das Auftreten dieser Linienmuster weist in dem Fall der laserbehandelten Schicht daher daraufhin, dass es sich bei den abgebildeten Strukturen mit Größen von ca. 10 – 15 nm um die bereits im Röntgenbeugungsspektrum nachgewiesenen ZrO_2-Nanokristallite mit etwa gleichgroßem Gitterabstand handelt.

Neben der Kristallisierung ist auf der TEM-Aufnahme nach der Laserbehandlung eine Schichtdicke von ca. 30 - 40 nm zu beobachten (Bild 3-34). Zu beachten ist, dass es sich dabei nur um einen punktuellen Messwert handelt. Eine modellbasierte Ermittlung der Schichtdicke mit Scout liefert eine etwas geringere Schichtdicke. Gemäß der Anpassung des optischen Modells und der Schichtdicke an Reflexions- und Transmissionsspektren der unbehandelten und laserbehandelten Proben (Bild 3-35 und Bild 3-36) liegt nach der Laserbehandlung eine Schichtdicke von $d_{schicht} \approx 25$ nm vor (Bild 3-36), was bei einer Ausgangsschichtdicke von (102 ± 15) nm (Bild 3-6) einer Verdichtung um

[6] engl., Focused Ion Beam, fokussierter Ionenstrahl

70 – 80 % entspricht. Dies ist in guter Übereinstimmung mit Ergebnissen vorangegangener Untersuchungen von Uhlmann et al. [64], die im Rahmen von konventionellen Ofenbehandlungsversuchen nach einer Temperaturbehandlung für 15 Minuten bei T = 800 °C von einer Schichtdickenreduktion um ca. 70 % berichten.

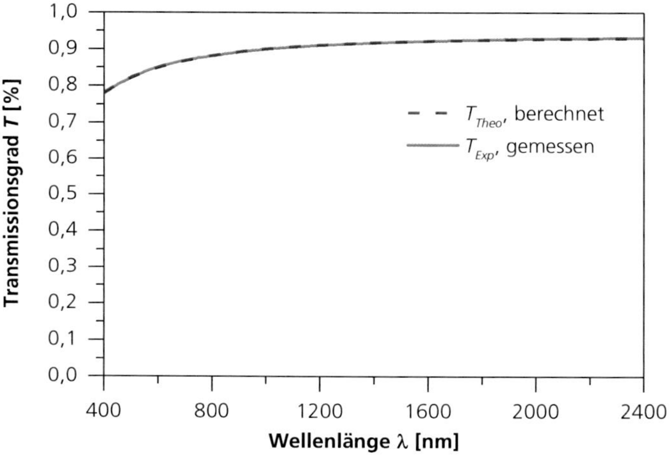

Bild 3-35

Gemessener und mit angepasstem Modell (Schichtdicke: ca. 25 nm) berechneter Transmissionsgrad der mit v_{scan} = 500 mm/s, E_P = 15,8 mJ, f = 50 kHZ und t_P = 150 ns bearbeiteten Probe

Bild 3-36

Gemessener und mit angepasstem Modell (Schichtdicke: ca. 25 nm) berechneter Reflexionsgrad der mit v_{scan} = 500 mm/s, E_P = 15,8 mJ, f = 50 kHZ und t_P = 150 ns bearbeiteten Probe

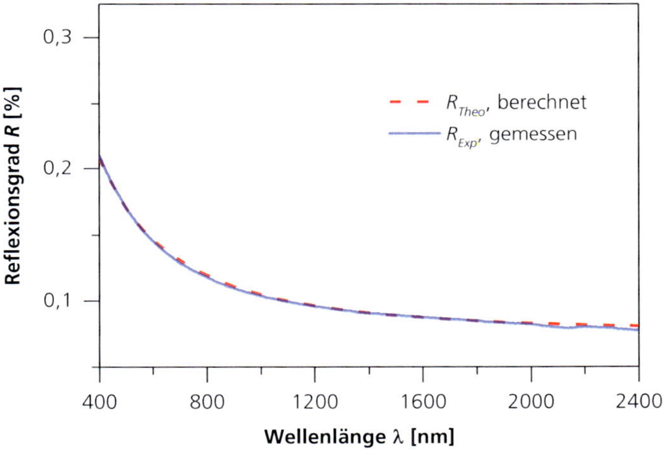

Gemäß den optischen Eigenschaften des verwendeten Beschichtungsmaterials absorbieren die auf dem Quarzglassubstrat applizierten Schichten ca. 4 % der einfallenden Laserstrahlung bei λ = 1064 nm, während das Quarzglassubstrat bei dieser Wellenlänge einen zu vernachlässigenden Teil zur Absorption der Strahlung beiträgt. Die in der Schicht absorbierte Strahlung resultiert in einer Wärmequelle, die als Volumenquelle in der Schicht modelliert wird.
Abweichend von der Darstellung in Kapitel 3.3.3, die für den in den folgenden Kapiteln betrachteten Fall der beschichteten Stahlsubstrate gilt, wird aufgrund der verschwindenden Absorption in dem Quarzglas für die folgenden FEM-Berechnungen keine Wärmequelle in dem Substrat berücksichtigt. Für den Fall der mit v_{scan} = 500 mm/s bearbeiteten Probe ergibt sich damit an der Probenoberfläche ein Temperatur-Zeit-Verlauf, dessen Maximaltemperatur im Laufe der Bearbeitung von 1250 °C (Puls 1) auf ca. 2250 °C ansteigt (Bild 3-37).

Bild 3-37

Mittels 1-dimensionalem FEM Modell berechneter Temperatur-Zeit-Verlauf an der Oberfläche des beschichteten Quarzglassubstrats bei der Bearbeitung mit v_{scan} = 500 mm/s, E_P = 15,8 mJ, f = 50 kHZ und t_P = 150 ns

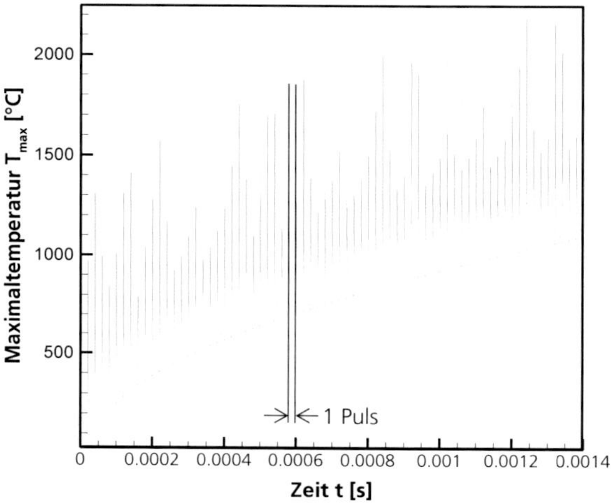

Die Temperaturmaxima werden jeweils nur zur Zeit der Pulsspitze erreicht. Das Temperaturminimum (jeweils am Fußpunkt der Pulsdauer von 150 ns) mit signifikant höherer Haltezeit steigt im Vergleich dazu lediglich von 100 °C auf ca. 1100 °C an. Bei der Betrachtung dieser Ergebnisse muss berücksichtigt werden, dass aufgrund der hohen Pulsrepetitionsfrequenz f eine große Anzahl n von Pulsen während der Überfahrtdauer $t_{Überfahrt}$ des Strahldurchmessers deponiert wird. Diese kann über den Zusammenhang

3.8

$$n = t_{Überfahrt} \cdot f = \frac{d_S}{v_{scan}} \cdot f$$

mit

d_S Strahldurchmesser

v_{scan} Scangeschwindigkeit

f Pulsrepetitionsfrequenz

abgeschätzt werden. Für die Laserbehandlung mit v_{scan} = 500 mm/s ergibt dies ca. 70 deponierte Pulse. Die durch die kurze Pulslänge von t_P = 150 ns erforderliche hohe zeitliche Auflösung der FEM-Berechnung resultiert daher in einem großen Rechenaufwand. Um diesen zu reduzieren, wird die Wärmeleitung für diesen konkreten Fall lediglich in z-Richtung berücksichtigt (1-dimensionale Wärmeleitungsrechnung). Dies hat zur Folge, dass die Abweichung der berechneten Temperaturen von den real erzeugten daher größer ist als im Rahmen der verifizierten 3-dimensionalen Berechnung (vgl. Kapitel 3.3.4).

Nanoindentationsmessungen sind im Fall von Schichtdicken < 100 nm aufgrund des vergleichsweise großen Substrateinflusses fehlerbehaftet und werden daher an dieser Stelle nicht eingesetzt. Die Verschleißprüfung mittels Kalottenschleifverfahren (vgl. Kapitel 7.4.1) zeigt jedoch qualitativ eine signifikante Zunahme der mechanischen Schichtbeständigkeit (Bild 3-38).

Bild 3-38

Lichtmikroskopische Aufsicht-Aufnahmen der mittels Kalottenschleifverfahren geprüften Beschichtungen nach der Laserbehandlung (konstante Verfahrensparameter in Tabelle 15)

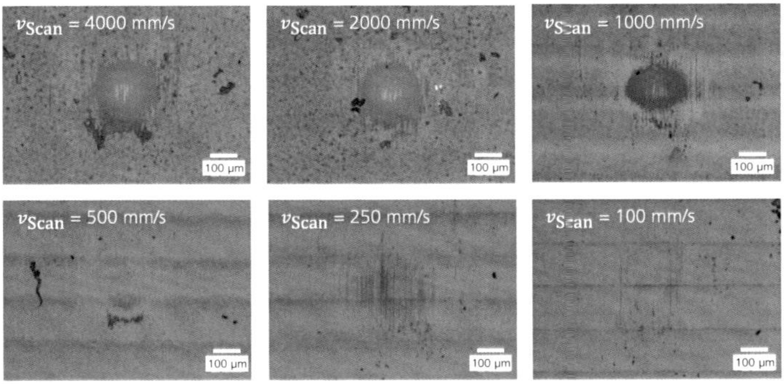

Der Durchmesser der mit gleichen Kalottenprüfparametern (vgl. Kapitel 7.4.1 im Anhang) erzeugten Kalotte d_{Kal} nimmt mit der Scangeschwindigkeit von > 200 µm (bei v_{scan} = 4000 mm/s) auf ca. 100 µm (bei v_{scan} = 500 mm/s) ab und ist bei v_{scan} = 100 mm/s kaum noch sichtbar. Demnach ist die Ausbildung der nanokristallinen ZrO_2-Phase und Verdichtung der Schicht mit einem signifikanten Anstieg der mechanischen Beständigkeit verbunden.

Als Vorgabe für die zur Schichtkristallisierung erforderlichen Maximaltemperaturen dient die Bearbeitung mit v_{scan} = 1000 mm/s, da im Rahmen der Versuchsreihe für diesen Fall erstmals der $(-111)_m$ Peak für die monokline ZrO_2-Phase in dem Röntgendiffraktogramm nachgewiesen wird (Bild 3-33). Bei dieser Scangeschwindigkeit werden während der Wechselwirkungszeit zwischen Laserstrahl und Probe ca. 35 Pulse deponiert. Der entsprechenden FEM-Berechnung zufolge beträgt die dabei erzielte Maximaltemperatur nach 36 Pulsen $T_{max} \approx 1500$ °C (Bild 3-39).

Bild 3-39

FEM-berechneter Temperatur-Zeit-Verlauf (1-dimensional) an der Oberfläche des beschichteten Quarzglassubstrats bei der Bearbeitung mit
v_{scan} = 1000 mm/s,
E_P = 15,8 mJ,
f = 50 kHZ und
t_P = 150 ns

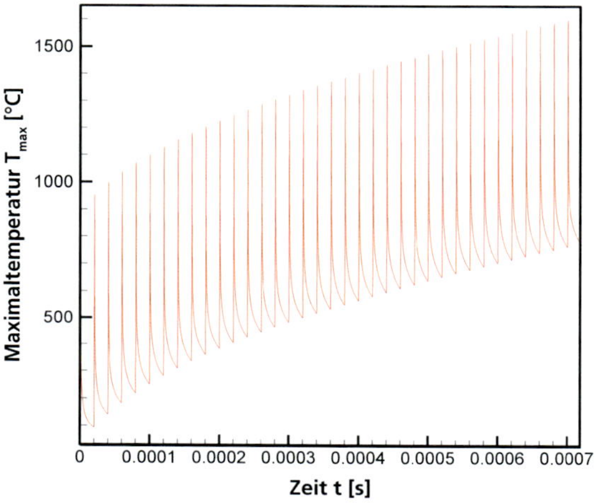

Analog zu dem Fall mit v_{scan} = 500 mm/s wird diese Maximaltemperatur jedoch nur für die Dauer eines Pulses mit der Pulslänge von ca. 150 ns erreicht. Die wesentlich länger gehaltene Temperatur am Fußpunkt der Pulse steigt von ca. 100 °C (Puls 1) auf ca. 800 °C an. Diese Temperatur stimmt im Rahmen der möglichen Genauigkeit (1-dimensionale Wärmeleitungsgleichung) mit der in Voruntersuchungen ermittelten erforderlichen Kristallisierungstemperatur von T = 800 °C [64] überein (Haltezeit im Ofen: 15 Min.). Die über den Zusammenhang

3.9 $$t_{Überfahrt} \approx \frac{d_S}{v_{scan}}$$

mit

d_S Strahldurchmesser

grob abgeschätzte akkumulierte Wechselwirkungszeit zwischen Laserstrahl und Probe von ca. 720 µs liegt dabei drastisch unterhalb der in Voruntersuchungen eingesetzten Ofenhaltezeit von 15 Minuten. Hier muss angemerkt werden, dass an dieser Stelle keine Ermittlung der minimal erforderlichen Maximaltemperatur bei höheren Haltezeiten der Temperaturen ≥ 800 °C erfolgt ist. Die hier aufgeführten Ergebnisse stellen jedoch einen guten Ausgangspunkt für die angestrebte Verfahrensentwicklung auf den 100 Cr 6 Stahlsubstraten dar. Im Rahmen der in Kapitel 4.2 folgenden modellbasierten Vorgehensweise dient die hier ermittelte Temperatur T_{max} ≥ 1500 °C zunächst als ein Kriterium für die Eingrenzung des zielführenden Parameterbereichs.

3.5 Fazit

Zusammenfassend lauten die wesentlichen Ergebnisse der in diesem Kapitel dargestellten Untersuchungen:

1. Die Anlasstemperatur des zu beschichtenden, vergüteten 100 Cr 6 Stahls beträgt im Rahmen von konventionellen Ofenbehandlungen (Haltezeit ≥ 15 Minuten) 150 °C. Ein wesentliches Kriterium für die in Kapitel 4.2 folgende modellbasierte Identifikation des zielführenden Parameterbereichs ist daher eine geringe Temperatureindringtiefe und –Haltezeit von Temperaturen ≥ 150 °C.

2. Die Schichtdicke der auf die Stahlsubstrate aufgebrachten Sol-Gel-Schichten beträgt nach der Trocknung ca. 100 nm. In diesen getrockneten Sol-Gel-Schichten liegt die optische Eindringtiefe von Laserstrahlung mit einer Wellenlänge von $\lambda \approx 1$ µm bei ca. 5 µm. Im Rahmen des aufgestellten Wärmeleitungsmodells wird die in der Schicht induzierte Wärmequelle daher als Volumenquelle modelliert. In dem Stahlsubstrat beträgt die Eindringtiefe der NIR-Strahlung ca. 10 - 20 nm, die entsprechende Wärmequelle wird aus diesem Grund als Oberflächenquelle modelliert.

3. Durch Reduzierung der Temperaturhaltezeit mit Hilfe gepulster Strahlung kann die Grenztemperatur für Gefügeveränderungen deutlich über die für Langzeit-Temperaturbehandlungen gültige Anlasstemperatur von 150 °C erhöht werden. Mit Pulslängen $t_P = 20$ µs werden Maximaltemperaturen $T_{max} \geq 1500$ °C mit Haltezeiten $t_H \leq 20$ µs an der Probenoberfläche erzielt, die lediglich eine geringfügige Gefügeveränderung bis zu der Tiefe $z = -5$ µm zur Folge hat. In dieser Entfernung zur Probenoberfläche werden noch Temperaturen von $T_{max} \approx 1000$ °C mit Haltezeiten von ca. 18 µs erreicht.

4. Die Laserbehandlung der mittels Sol-Gel-Verfahren auf Quarzglassubstraten erzeugten Schichten führt bei Erzielung von simulierten Maximaltemperaturen $T_{max} \geq 1500$ °C zur Ausbildung der monoklinen ZrO_2-Kristallphase. Damit wird das untersuchte Beschichtungsmaterial erstmals im Rahmen einer Laserbehandlung in eine nanokristalline Schicht überführt. Die akkumulierte Wechselwirkungszeit zwischen Laserstrahl und Probe beträgt dabei ca. 720 µs bei einer Einzelpulslänge von 150 ns. Im Rahmen von vorangegangenen Temperaturbehandlungen in einem konventionellen Ofen wurden Temperaturen von 800 °C für 15 Minuten gehalten, um die Kristallisierung der Schicht zu erreichen [64]. Damit wird erstmals gezeigt, dass die Kristallisierung des eingesetzten Sol-Gel-Systems in signifikant kürzeren Zeiten erfolgen kann.

5. Die Kristallisierung der Schicht steigt mit abnehmender Scangeschwindigkeit bis zu einem Grenzwert (v_{scan} = 250 mm/s) an. Danach findet kein Anstieg der Peaks im Röntgenbeugungsspektrum mehr statt. Dabei werden maximale ZrO_2-Kristallitgrößen von ca. 10 nm erzeugt.

6. Die Ausbildung der ZrO_2-Kristallphase ist mit einem signifikanten Anstieg der mit dem Kalottenschleifverfahren geprüften Abriebfestigkeit der Schicht verbunden.

7. Die Ergebnisse der 1-dimensionalen FEM-Berechnung dieser Teiluntersuchung unterliegen vergleichsweise großen Unsicherheiten. Sie liefern jedoch erstmals Informationen über das Temperaturverhalten des verwendeten Sol-Gel-Systems im Rahmen von Kurzzeit-Temperaturbehandlungen mit Zeitskalen im µs-Bereich. Daher werden sie im Folgenden für die modellbasierte Eingrenzung des für die Erzeugung zielführender Temperaturverteilungen auf den anlassempfindlichen Stahlsubstraten erforderlichen Verfahrensparameterbereichs genutzt. Gemäß den unter Punkt 4 aufgeführten Ergebnissen müssen auf der µs-Skala Maximaltemperaturen $T_{max} \geq 1500$ °C in der Schicht erzeugt werden, um die Kristallisierung zu erzielen. Dieser Wert liegt über der Schmelztemperatur des Stahls (1400 – 1450 °C). Gemäß den unter Punkt 3 aufgeführten Ergebnissen ist die kurzzeitige Überschreitung der Soliduslinie an der Probenoberfläche für die Zeit einiger 10 µs jedoch möglich, ohne dass dies Veränderungen des Stahlgefüges zur Folge hat. Darüber hinaus muss berücksichtigt werden, dass aufgrund der in Kapitel 3.3.4 dargestellten Ergebnisse angenommen wird, dass die Abweichung der FEM-berechneten Temperaturen von den realen Temperaturen bis zu 100 °C betragen kann.

4 Verfahrensentwicklung

Im Rahmen der vorangegangenen Untersuchungen zur Laserbehandlung der mittels Sol-Gel-Verfahren erzeugten Schichten auf Quarzglas ist mit dem Quarzglas ein Substrat gewählt worden, das eine hohe thermische Stabilität aufweist. Die besondere Herausforderung bei der Laserbehandlung der Schichten auf anlassempfindlichen 100 Cr 6 Stahlsubstraten besteht nun darin, dass gemäß den Untersuchungen in Kapitel 3.1 bereits bei Temperaturen > 150 °C eine signifikante Reduzierung der Härte des zu beschichtenden Stahlsubstratmaterials hervorgerufen wird. Der zielführende Verfahrensparameterbereich wird daher auf Basis der im vorangegangenen Kapitel gesammelten Erkenntnisse über die für die Funktionalisierung der Sol-Gel-Schichten erforderlichen Maximaltemperaturen mittels FEM-Berechnung im Vorfeld der experimentellen Verfahrensentwicklung eingeschränkt.

Im Zentrum der anschließenden experimentellen Verfahrensentwicklung steht die Untersuchung des Zusammenhangs zwischen den charakteristischen Größen der laserinduzierten Temperaturverteilungen, der erzielten Nanostruktur sowie der erzielten Funktionalität (Abriebfestigkeit, Härte) der laserbehandelten Schichten. Die zu diesem Zweck erforderliche werkstoffkundliche Analyse erfolgt mit speziellen Dünnschicht-Analyseverfahren. Mittels Röntgenbeugung unter streifendem Einfall (Grazing Incidence X-Ray Diffraction, GIXRD, siehe Kapitel 7.4.3) werden Informationen über den Phasenzustand und die Kristallinität der Schichten gewonnen, während die Transmissionselektronenmikroskopie (TEM) dazu genutzt wird, Informationen über die Nanostruktur entlang des Schichtquerschnitts zu gewinnen. Das Nanoindentationsverfahren (Kapitel 7.4.2) wird dazu genutzt, die Schichthärte unter Ausschluss von Substrateffekten zu messen und die Abriebfestigkeit der Schichten wird analog zu dem vorangegangenen Kapitel mit dem Kalottenschleifverfahren (Kapitel 7.4.1) untersucht.

4.1 Versuchsstand und Bearbeitungsstrategie

Die Realisierung der Versuche zur Laserbehandlung der Sol-Gel-Schichten auf den Stahlsubstraten wird mit einem flexiblen Aufbau realisiert (Bild 4-1). Dieser besteht im Wesentlichen aus einem Galvoscanner (Raylase Turboscan 30) mit einer 30 mm großen Apertur und Silberspiegeln. Für die Bereitstellung der über Lichtleiterfasern in den Galvoscanner eingekoppelte Laserstrahlung wird ein kontinuierlich betriebenes Diodenlasermodul (cw-Modul, λ = 980 nm) sowie ein gepulst betriebenes Diodenlasermodul (Pulsmodul, λ = 980 nm) eingesetzt (Spezifikationen in Tabelle 17, weitere Daten in Kapitel 7.3). Die Strahlung dieser Module wird jeweils über Lichtleiterfasern (cw: SMA; gepulst: QBH,

NA = 0,23) mit einem runden Kern (Durchmesser: 200 µm) in Kollimationsoptiken geführt, durch die jeweils ein kollimierter Rohstrahl mit einem Durchmesser von ca. 25 mm erzeugt wird. Dieser wird mit Hilfe der Galvospiegel abgelenkt und mit einer telezentrischen F-Theta-Optik (Brennweite f = 100 mm) auf die zu bearbeitende Probenoberfläche fokussiert. Gemäß den Ergebnissen der Strahlkaustikvermessung liegt in der Arbeitsebene somit ein minimaler Strahldurchmesser von d_S = 0,34 mm (CW-Modul, gemäß Methode zweiter Momente) bzw. d_S = 0,38 mm (Pulsmodul, gemäß Methode zweiter Momente) vor (detaillierte Strahldiagnose in Kapitel 7.7). Die Intensität weist dabei in beiden Fällen näherungsweise eine Tophat-Verteilung auf.

Bild 4-1

Schematische Darstellung des verwendeten Versuchsstandes für den Einsatz von Diodenlaserstrahlung

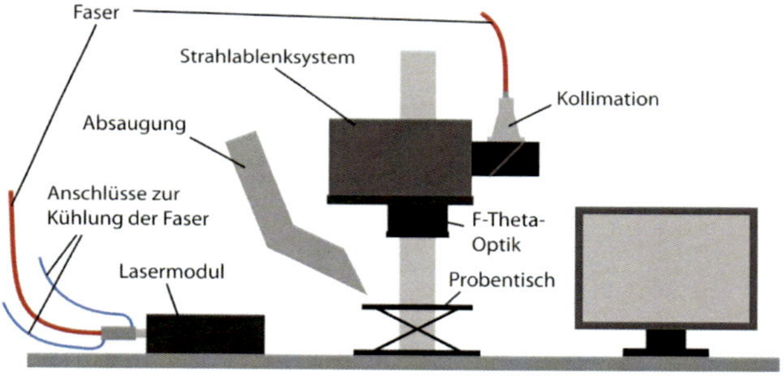

Tabelle 17

Technische Daten der verwendeten Diodenlasermodule

	CW-Modul	Pulsmodul
Wellenlänge λ	980 nm	980 nm
Strahldurchmesser d_S	0,34 mm	0,38 mm
Max. mittlere Leistung P_L	160 W	130 W
Pulslänge t_P	-	2 -20 µs
Pulsrepetitionsfrequenz f	-	1 – 30 kHz
Pulsenergie E_P	-	0,5 – 10 mJ
Max. mittlere Intensität I / Pulsintensität	$1{,}7 \cdot 10^5$ W/cm²	$3{,}9 \cdot 10^5$ W/cm²

Mit Hilfe des Galvoscanners wird der Laserstrahl mäanderförmig über die zu bearbeitende Probenoberfläche geführt (Bild 4-2). Zur Steuerung des Galvoscanners wird die kommerziell verfügbare Software Scan2D eingesetzt [89]. Durch einen Überlapp zwischen je 2 Scanvektoren (Spurversatz $d_y < d_S$) wird eine homogene flächige Bearbeitung realisiert.

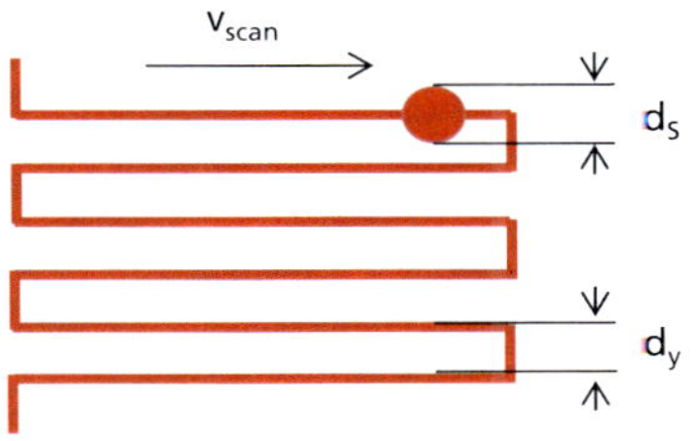

Bild 4-2

Mäanderförmige Bearbeitungsstrategie auf der Probenoberfläche (v_{scan}: Scangeschwindigkeit, d_S: Strahldurchmesser, d_y: Spurversatz)

Aufgrund dieser Bearbeitungsstrategie ergeben sich neben den Laserparametern (vgl. Tabelle 17) zusätzlich die Verfahrensparameter Scangeschwindigkeit v_{scan} (Wertebereich: 20 – 2000 mm/s, begrenzt durch Spezifikation Galvoscannereinheit) und Spurversatz d_y.

4.2 FEM-Simulationen zur Eingrenzung des Parameterbereichs

Das in Kapitel 3.3 aufgestellte Wärmeleitungsmodell der zu behandelnden Proben wird dazu genutzt, die Parameterbereiche modellbasiert einzuschränken. Für die Identifikation des zielführenden Parameterbereichs ist die Betrachtung der folgenden Größen erforderlich (vgl. Bild 4-3):

1. Maximaltemperatur $T_{max}(t)$
   Der oberste Punkt der Probe, d. h. die Oberfläche der aufgebrachten Schicht, wird im weiteren Verlauf als Probenoberfläche bezeichnet. $T_{max}(t)$ bezeichnet die Temperatur im Zentrum der Intensitätsverteilung an der Probenoberfläche.

2. Temperatureindringtiefe δ_{Temp} (T ≥ 150 °C)
   δ_{Temp} (T ≥ 150 °C) bezeichnet die maximale Entfernung z von der Probenoberfläche, bis zu der Temperaturen ≥ 150 °C (Anlasstemperatur der vergüteten 100 Cr 6 Stahlsubstrate) vorliegen. Da exakte Haltezeiten vorab nicht bekannt sind, wird an dieser Stelle die für Langzeit-Temperaturbehandlungen identifizierte Anlasstemperatur von 150 °C als Grenzwert betrachtet.

3. Temperaturhaltezeiten t_H (T ≥ 150 °C) (z)
   t_{hold} (T ≥ 150 °C) (z) bezeichnet die Haltezeit von T ≥ 150 °C in Abhängigkeit der Entfernung z von der Probenoberfläche.

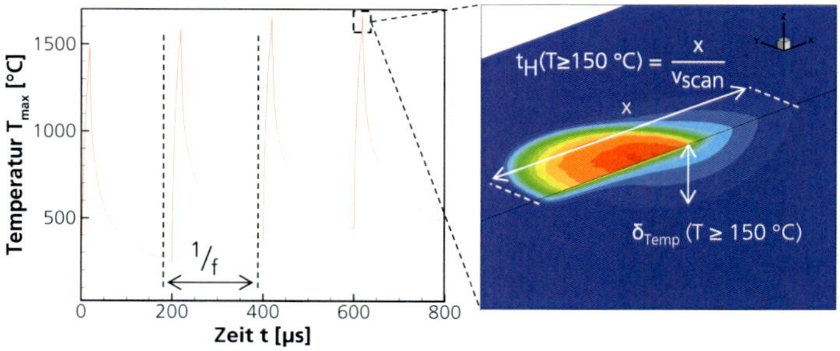

Bild 4-3

Beispielhafter Temperatur-Zeit-Verlauf $T_{max}(t)$ (links) sowie Temperaturverteilung zum Zeitpunkt der maximalen Temperatur (rechts) mit Erläuterung der zu ermittelnden Größen

Zu beachten ist, dass jeweils nur eine einzelne Überfahrt des Laserstrahls simuliert wird. Bei Einsatz einer Scanstrategie mit überlappenden Scanvektoren ist die akkumulierte Temperaturhaltezeit daher etwa um den Faktor

$$\frac{d_S}{d_y} \quad (4.1)$$

mit
d_S Strahldurchmesser
d_y Spurversatz

höher. Wenn nicht anders beschrieben, wird die Temperaturhaltezeit einer einzelnen Überfahrt angegeben. Die aus mehreren überlappenden Scanvektoren des Laserstrahls resultierende Gesamthaltezeit wird als akkumulierte Haltezeit bezeichnet. Dabei ist zu berücksichtigen, dass die entsprechende Temperatur nicht ununterbrochen während dieser akkumulierten Haltezeit gehalten wird. Zwischen zwei Überfahrten des Laserstrahls findet eine durch Wärmeleitung in das Substrat verursachte Reduzierung der Temperatur der Probe statt.

4.2.1 Verwendung kontinuierlicher Laserstrahlung

Die im vorangegangenen Kapitel aufgeführten Größen werden in Abhängigkeit der Laserleistung P_L an der Probenoberfläche und der Scangeschwindigkeit v_{scan} betrachtet. Die Ergebnisse werden in 2-dimensionalen Konturplots dargestellt. Die übersichtliche Darstellung ermöglicht jeweils die Auswahl der Parameterkombinationen, die zu der Erzeugung der in Kapitel 3.4.3 ermittelten für die Kristallisierung erforderlichen Maximaltemperatur $T_{max} \geq 1500$ °C führt.

Gemäß den FEM-Berechnungen ist bei Verwendung von cw-Laserstrahlung die Erzeugung der für die Kristallisierung der Schichten erforderlichen

Maximaltemperaturen $T_{max} \geq 1500$ °C (vgl. Kapitel 3.5) mit minimalen Temperatureindringtiefen von δ_{Temp} (T>150°C) ≈ 180 µm verbunden (Bild 4-4 und Bild 4-5, P_L = 140 W, v_{scan} = 1000 mm/s).

Bild 4-4

Simulierte Maximaltemperatur T_{max} (an der Probenoberfläche) als Funktion der Scangeschwindigkeit und der Laserleistung im cw-Betrieb

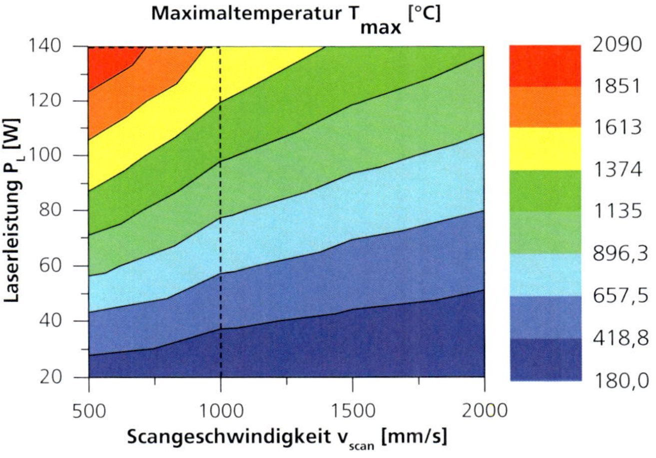

Bild 4-5

Simulierte Temperatureindringtiefe δ_{Temp} (T ≥ 150 °C) als Funktion der Scangeschwindigkeit und der Laserleistung im cw-Betrieb

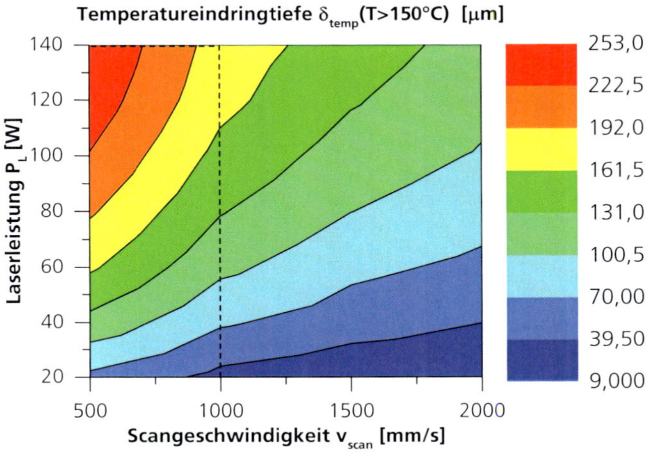

Die entsprechende Temperaturhaltezeit der Temperaturen T ≥ 1500 °C beträgt in diesem Fall an der Probenoberfläche ca. 24 µs. Diese Haltezeit ist gemäß den vorangegangenen Ergebnissen zu gering, um ein Schmelzen des Stahls zu bewirken (vgl. Kapitel 3.5). Die Haltezeiten der Temperaturen T ≥ 150 °C beträgt in diesem Fall an der Probenoberfläche ca. 1500 µs (Bild 4-6).

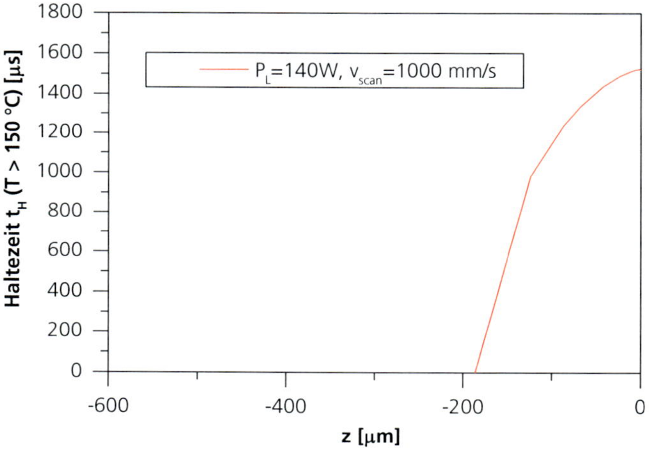

Bild 4-6

Simulierte Temperaturhaltezeit t_H (z) von Temperaturen T ≥ 150 °C für P_L = 140 W und v_{scan} = 1000 mm/s

Im Vergleich mit typischen Haltezeiten einiger Minuten bei konventioneller Temperaturbehandlungen im Ofen (z.B: 15 Min. in [64]) stellt dies bereits eine Reduzierung um Größenordnungen dar. Die in Kapitel 3.3.4 dargestellten Ergebnisse zeigen jedoch, dass die hier vorliegenden Haltezeiten im Bereich einiger Millisekunden bereits ausreichen, um signifikante Anlasseffekte in dem Stahlgefüge zu bewirken. Mit Blick auf diese geringe Temperaturstabilität der zu beschichtenden Stahlsubstrate ist eine weitere Reduzierung der Temperaturhaltezeit erforderlich. Dies soll im Folgenden mit Hilfe gepulster Laserstrahlung erfolgen.

4.2.2 Verwendung gepulster Diodenlaserstrahlung

Die mit dem verwendeten Pulsmodul erzeugten Pulse weisen einen rechteckförmigen zeitlichen Verlauf auf (vgl. Kapitel 7.8). Die entsprechenden Pulsleistungen sind bei konstantem Diodenstrom unabhängig von der Pulsdauer (Bild 4-7). Die geringfügige Abnahme der Pulsleistung für Pulsdauern < 10 µs ist darauf zurückzuführen, dass aufgrund der Induktivitäten der Stromleitungen zwischen Netzteil und Pulsmodul innerhalb der Pulsdauer nicht der volle Diodenstrom erreicht wird.

Bild 4-7

Gemessene Pulsleistungen als Funktion der Pulsdauer bei der Pulsrepetitionsfrequenz f = 5 kHz

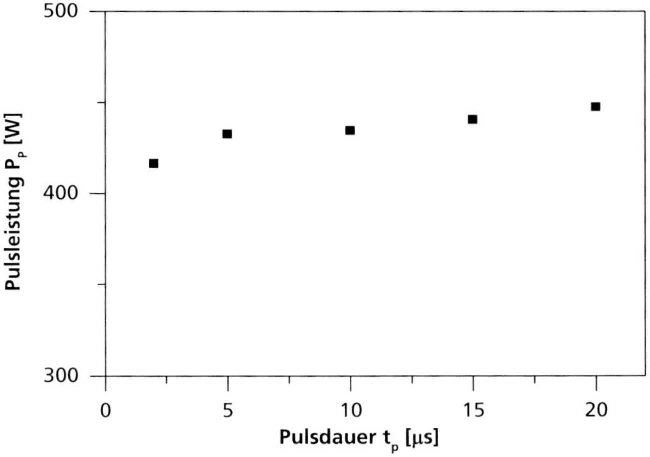

Bei kürzeren Pulsen wird demnach während einer Pulsdauer t_P weniger Energie deponiert und demnach eine geringere Temperatur erzielt. Daraus folgt, dass bei Reduzierung der Pulsdauer t_p eine größere Anzahl von Pulsen deponiert werden muss, um die gleiche Maximaltemperatur T_{max} zu erzielen. Die größere Anzahl deponierter Pulse führt wiederum zu einer größeren Temperatureindringtiefe. Aus diesem Grund wird im Rahmen der folgenden Berechnungen eine konstante Pulsdauer von t_P = 20 µs (Maximum) betrachtet. Weiterhin wird eine konstante Pulsrepetitionsfrequenz von f = 5 kHz eingesetzt. Bei diesen Parametern werden die erforderlichen Maximaltemperaturen von T ≥ 1500 °C gemäß FEM-Berechnung mit der maximalen Pulsenergie E_P = 9 mJ in Kombination mit der Scangeschwindigkeit v_{scan} = 2000 mm/s erreicht (Bild 4-8).

Bild 4-8

FEM simulierte Maximaltemperatur T_{max} an der Probenoberfläche als Funktion der Scangeschwindigkeit und der Pulsenergie des Diodenlasers im gepulsten Betrieb (Pulslänge t_P = 20 µs, Pulsrepetitionsfrequenz f = 5000 Hz)

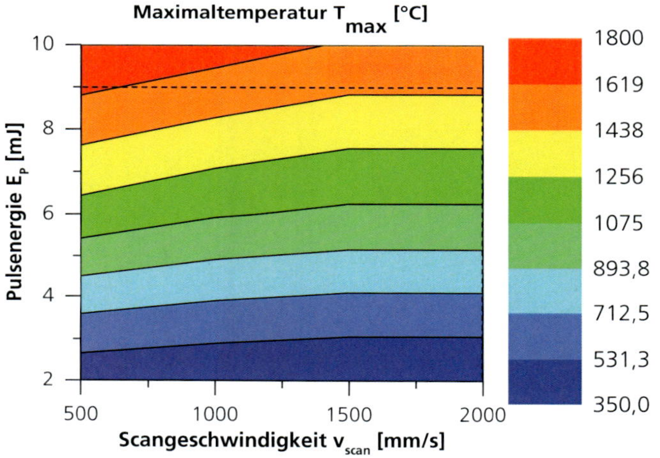

Diese Parameterkombination resultiert in einer thermischen Eindringtiefe der Temperaturen T ≥ 150 °C von ca. δ_{Temp} ≈ 70 µm (Bild 4-9).

Bild 4-9

FEM simulierte Temperatureindringtiefe δ_{Temp} (T > 150 °C) als Funktion der Scangeschwindigkeit und der Pulsenergie des Diodenlasers im gepulsten Betrieb (Pulslänge t_P = 20 µs, Pulsrepetitionsfrequenz f = 5000 Hz)

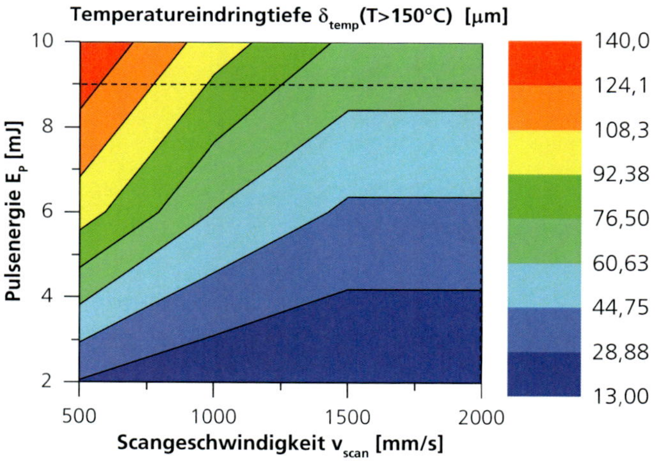

Die Haltezeit der Temperaturen T ≥ 150 °C an der Probenoberfläche liegen in diesem Fall (v_{scan} = 2000 mm/s) aufgrund der geringen Wechselwirkungszeit zwischen Laserstrahl und Probe (Pulsdauer t_P = 20 µs) bei ca. 110 µs, während die Reduzierung der Scangeschwindigkeit auf v_{scan} = 1000 mm bereits einen Anstieg auf ca. 460 µs zur Folge hat. (Bild 4-10).

Bild 4-10

FEM simulierte Haltezeiten von T ≥ 150 °C als Funktion des Abstands z von der Oberfläche der Probe (E_P = 9 mJ, f = 5000 Hz, t_p = 20 µs), zum Vergleich ist der Fall der Laserbehandlung mit v_{scan} = 1000 mm/s mit dargestellt

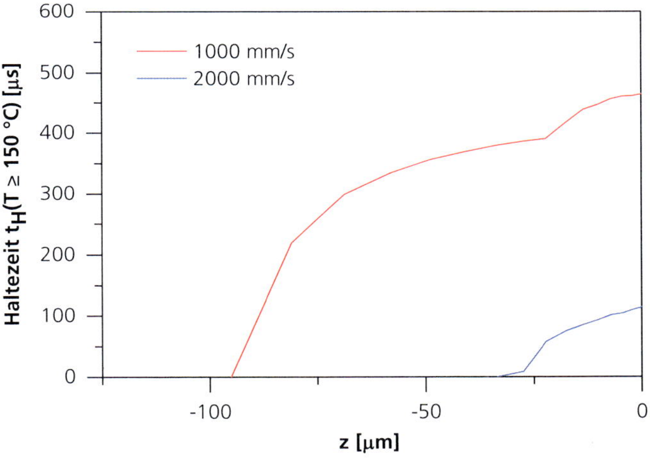

Im Vergleich zu der Laserbehandlung mit kontinuierlicher Strahlung entspricht dies einer Reduzierung der Temperaturhaltezeit auf ca. 7 % und einer Reduzierung der Temperatureindringtiefe t_H (T ≥ 150 °C) auf ca. 40 %. Dabei muss jedoch berücksichtigt werden, dass durch die kürzere Wechselwirkungszeit ebenfalls signifikant reduzierte Haltezeiten der höheren Temperaturen ≥ 1500 °C von ca. 1 µs vorliegen.

In dem Fall der gepulsten Bearbeitung sind die erzielten Temperaturhaltezeiten abhängig von der Anzahl n der pro Strahldurchmesserüberfahrt abgegebenen Pulse, welche näherungsweise durch

4.2
$$n = \frac{d_S}{v_{scan}} \cdot f$$

mit

d_S Strahldurchmesser

v_{scan} Scangeschwindigkeit

f Pulsrepetitionsfrequenz

gegeben ist. In dem Fall der Laserbehandlung mit v_{scan} = 2000 mm/s ergibt sich gemäß dieser Abschätzung ein deponierter Puls pro Stelle ($n \approx 1$). Für den Fall der Laserbehandlung mit v_{scan} = 1000 mm/s ergeben sich ca. zwei Pulse pro Strahldurchmesserüberfahrt ($n \approx 2$), was in der im Vergleich zu dem Fall mit $n \approx 1$ signifikant erhöhten Temperaturhaltezeit resultiert (Bild 4-10). Über die für die Funktionalisierung der Schichten erforderliche Haltezeit ist an dieser Stelle jedoch keine Aussage möglich. Diese wird durch Abgleich der Simulationsergebnisse mit den in Kapitel 4.3 dargestellten experimentellen Ergebnissen ermittelt.

Wesentliche Ergebnisse der modellbasierten Betrachtung sind:

1. Der Parameterbereich für die Funktionalisierung der Einzelschichten auf Stahlsubstraten kann durch diese Vorbetrachtung bereits deutlich eingeschränkt werden:

Tabelle 18

Zielführender Parameterbereich mit wesentlichen Charakteristika der berechneten Temperaturverteilungen

	cw	**gepulst**
Zielgröße	$T_{max} \approx 1500$ °C	$T_{max} \approx 1500$ °C
Scangeschwindigkeit v_{scan}	≤ 1000 mm/s	≤ 2000 mm/s
Leistung P_L / Pulsenergie E_P	P_L = 140 W (max.)	E_P = 9 mJ (max)
Pulslänge t_P	-	20 µs
Pulsrepetitionsfrequenz f	-	5 kHz
δ_{temp} (T > 150 °C)	≥ 180 µm	≥ 80 µm
t_H(T ≥ 150 °C), Oberfläche	ca. 1,5 ms	≥ 0,11 ms
t_H(T ≥ 1500 °C), Oberfläche	ca. 24 µs	1 µs

2. Bei Verwendung der gepulsten Strahlquelle kann sowohl die Eindringtiefe als auch die Haltezeit der Temperaturen ≥ 150 °C im Vergleich zu der cw-Strahlquelle signifikant reduziert werden. Der in Tabelle 18 angegebene Verfahrensparameterbereich der gepulsten Strahlquelle wird daher im weiteren Verlauf für die Funktionalisierung der Schichten verwendet.

3. Auf Basis der vorliegenden Simulationsdaten kann jedoch keine Aussage darüber getroffen werden, ob die Haltezeiten der

Temperaturen ≥ 1500 °C ausreichen, um die Kristallisierung der Schichten zu bewirken. Dies wird im Rahmen der folgenden Verfahrensentwicklung experimentell untersucht

4.3 Ergebnisse und Diskussion

Ausgehend von dem im vorangegangenen Kapitel simulativ ermittelten zielführenden Parameterbereich wird die Temperaturhaltezeit im Rahmen der folgenden Versuchsreihe durch Reduzierung der Scangeschwindigkeit (Erhöhung der pro Stelle deponierten Pulse) sukzessive erhöht. Die Pulsenergie wird mit E_P = 9 mJ so gewählt, dass die jeweils erzeugte Maximaltemperatur über dem gemäß Vorbetrachtung erforderlichen Wert von T = 1500 °C liegt (vgl. Kapitel 3.5). Durch Reduzierung der Scangeschwindigkeit erhöht sich dabei die Zahl n der pro Stelle deponierten Pulse näherungsweise gemäß dem durch Gleichung 4.2 gegebenen Zusammenhang.

Die qualitative Bewertung der mechanischen Abriebfestigkeit der Schichten erfolgt analog zu Kapitel 3.4 mittels Kalottenschleifverfahren (siehe Kapitel 7.4.1). Zu diesem Zweck müssen beschichtete Oberflächen vollständig bearbeitet werden. Im Rahmen einer Voruntersuchung wird der Spurversatz d_y = 0,1 mm für ein homogenes Bearbeitungsergebnis identifiziert (nicht gezeigt).

Mit dem Kalottenschleifverfahren können im Vergleich zu unbehandelten Schichten (Kalottendurchmesser d_{Kal} > 200 µm) Veränderungen der Abriebfestigkeit für v_{scan} ≤ 500 mm/s festgestellt werden. Im Bereich v_{scan} = 300 – 500 mm/s weisen die Kalotten einen gegenüber dem unbehandelten Zustand signifikant reduzierten Durchmesser im Bereich 25 – 80 µm auf (Bild 4-11).

Bild 4-11

Gemessene Durchmesser der eingeschliffenen Kalotten in Abhängigkeit der Scangeschwindigkeit

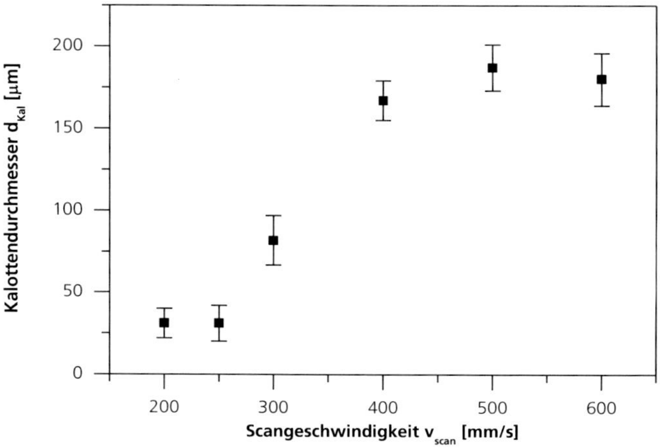

Für v_{scan} > 500 mm/s wird keine Veränderung gegenüber einer unbehandelten Schicht festgestellt. Eine deutliche Reduzierung des Kalottendurchmessers d_{Kal} auf Werte von ca. 30 µm findet dagegen in dem Bereich v_{scan} =200 - 250 mm/s statt. Für v_{scan} < 200 mm/s nimmt die Rauheit der laserbehandelten Oberfläche jedoch so stark zu, dass die Vergleichbarkeit des Kalottenschleifergebnisses mit den Ergebnissen bei größeren Scangeschwindigkeiten nicht mehr gegeben ist.

Nachdem die Schichtdicke durch die Trocknung im Ofen bereits um ca. 25 – 50 % reduziert wurde, findet durch die Laserbehandlung mit v_{scan} = 500 mm/s eine weitere Reduzierung um 5 – 55 % auf ca. d ≈ 70 nm statt (Bild 4-12).

Bild 4-12

Schichtdicke unbehandelter, getrockneter, sowie mit der Verfahrensparameterkombination E_P = 9 mJ, f = 5 kHz und v_{scan} = 500 mm/s behandelte Schichten auf polierten Stahlsubstraten

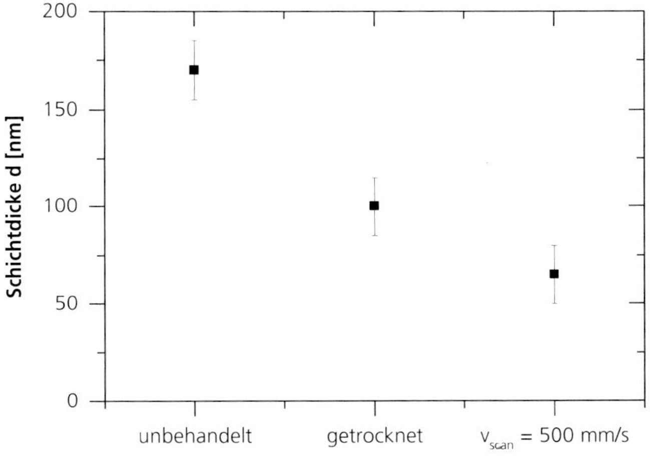

Eine genauere Aussage kann aufgrund der Messunsicherheiten bei der Schichtdickenmessung nicht getroffen werden. Der Anstieg der Oberflächenrauheit mit abnehmender Scangeschwindigkeit verhindert darüber hinaus eine vertrauenswürdige Dickenmessung der Schichten, die mit v_{scan} < 500 mm/s laserbehandelt werden. So weist eine mit v_{scan} = 250 mm/s behandelte Probe eine Oberflächenrauheit von $R_a \approx$ 150 nm auf, während die Rauheit bei $v_{scan} \geq$ 300 mm/s auf dem Niveau einer unbehandelten Schicht (R_a < 50 nm) bleibt (Bild 4-13).

Bild 4-13

Parallel und senkrecht zur Scanrichtung gemessene Oberflächenrauheit in Abhängigkeit der Scangeschwindigkeit (nach der Laserbehandlung)

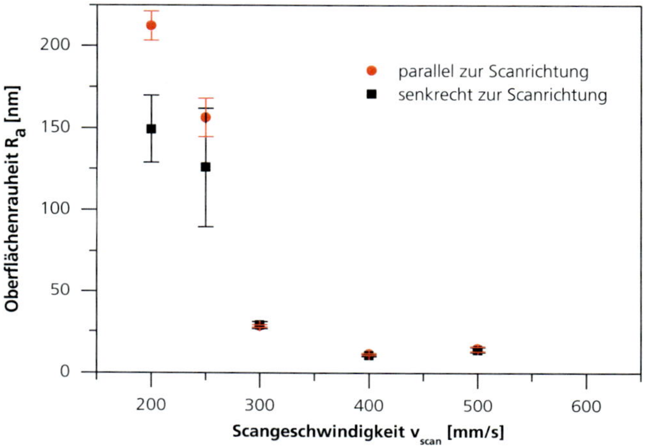

Da die senkrecht und parallel zur Scanrichtung gemessenen Rauheiten nur geringfügig voneinander abweichen und die Rauheit der Schichten demnach auch parallel zur Scanrichtung für v_{scan} < 250 mm/s signifikant zunimmt, lässt sich dieser Effekt nicht auf eine inhomogene Bearbeitungsstrategie zurückführen. Der Rauheitsanstieg muss demnach auf Änderungen der inneren Schichtstruktur zurückzuführen sein.

Mittels Röntgenbeugung unter streifendem Einfall (GIXRD, vgl. Kapitel 7.4.3) werden für Scangeschwindigkeiten ≤ 500 mm/s Peaks gemessen, die der tetragonalen Kristallphase von ZrO_2 zugeordnet werden können (Bild 4-14 und Tabelle 19).

Bild 4-14

Röntgenbeugungs-diffraktogramme von beschichteten Proben nach der Laserbehandlung mit verschiedenen v_{Scan}. In schwarz die Messung einer Probe ohne Laserbehandlung (die ermittelten Bragg-Reflex-Positionen sind gekennzeichnet), die Diskussion des Peaks bei 2Θ = 43 ° erfolgt in Kapitel 4.3.3

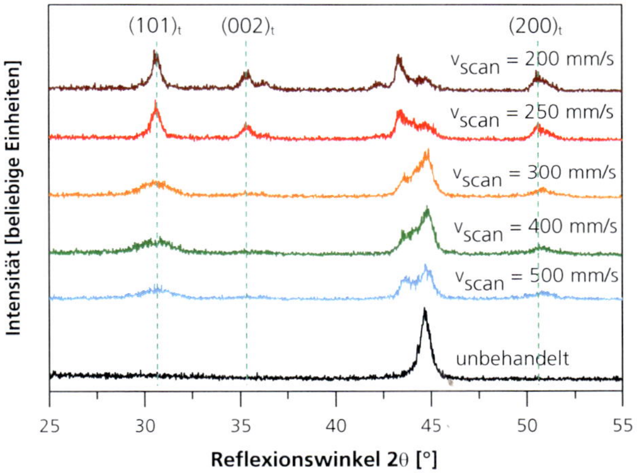

Tabelle 19

Bragg-Reflex-Positionen der tetragonalen ZrO_2-Kristallphase (Gitterkonstanten a,b: 3,640 Å, c: 5,270 Å) [90, 91]

hkl-Ebene	Exp. Ermittelte Position 2Θ [°]	Literaturwert 2Θ [°]
(101)t	30,68	29,81
(002)t	35,36	33,99
(200)t	50,66	50,08
Substrat	44,72	-

Die experimentell ermittelten Bragg-Reflex-Positionen sind im Vergleich zu den Literaturwerten geringfügig zu größeren 2Θ-Winkeln verschoben. Dies kann auf Gitterdeformationen aufgrund von Fehlstellen oder auf die in das Gitter eingefügten SiO_2-Moleküle zurückgeführt werden. Die Ergebnisse stimmen sehr gut mit den von Uhlmann et al. in der Voruntersuchung [64] dargestellten Ergebnissen überein (vgl. auch Bild 2-7). Demnach werden durch die Laserbehandlung mit drastisch reduzierten Temperaturhaltezeiten die gleichen Strukturänderungen in den Schichten bewirkt wie im Rahmen von Langzeit-Temperaturbehandlungen mit Haltezeiten ≥ 15 Minuten. Auffällig ist die Entstehung des Bragg-Reflexes bei 2Θ = 43,38, der gemäß [92] in der Nähe des (400)-Reflex der kubischen Eisenoxidphase liegt (Literaturwert der Position des (400)-Reflexes: 2Θ = 43,091 °). Eine detaillierte Diskussion dieses Peaks erfolgt in Kapitel 4.3.3.

Mit abnehmender Scangeschwindigkeit steigt die Höhe der gemessenen Peaks. Da alle Proben unter vergleichbaren Bedingungen vermessen wurden, ist dies ein Hinweis auf einen zunehmenden Kristallisationsgrad. Darüber hinaus nimmt die Breite der Reflexe mit der Scangeschwindigkeit ab, was gemäß Abschätzung über die Debye-Scherrer-Formel (vgl. Kapitel 7.4.3) auf eine ansteigende mittlere Kristallitgröße zurückzuführen ist. In vertikaler Richtung zeigen die ermittelten Kristallitgrößen einen sprunghaften Anstieg der Größe von ca. 5 nm bei v_{scan} = 300 mm/s auf ca. 15 – 16 nm bei v_{scan} = 250 mm/s (Bild 4-15).

Bild 4-15

Mittels Debye-Scherrer-Formel an (101)t-Reflexen bestimmte Kristallitgröße (vgl. Kapitel 7.4.3) in den laserbehandelten Schichten in Abhängigkeit der Scangeschwindigkeit (Die Fehlerangaben ergeben sich durch Fehlerfortpflanzung der Unsicherheiten der angepassten Größen in Gleichung **7.17**)

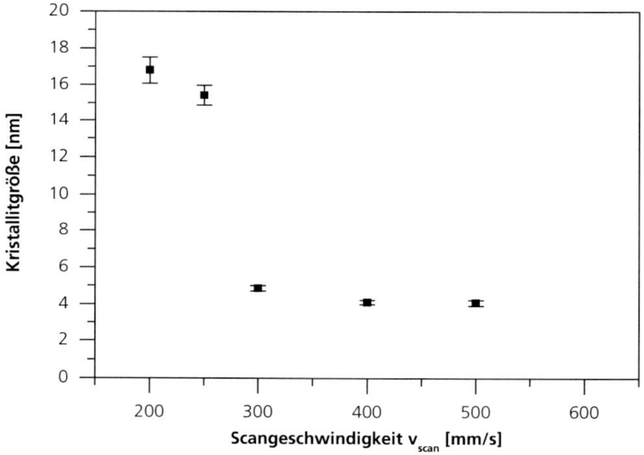

Das Kristallwachstum ist ein zeitabhängiger Prozess und kann demnach durch die mit abnehmender Scangeschwindigkeit ansteigende Temperaturhaltezeit erklärt werden. Die Kristallisierung beginnt bei v_{scan} = 500 mm/s und ist bei geringeren Scangeschwindigkeiten v_{scan} < 500 mm/s weiter ausgeprägt. Die dabei in dem hier untersuchten Verfahrensparameterbereich erzielten Flächenraten liegen je nach Kristallisationsgrad in dem Bereich 0,2 – 0,5 cm^2/s (bei der mittleren Leistung von P_L = 130 W). In Kapitel 4.3.2 wird die Aufskalierbarkeit der Flächenrate durch Erhöhung der Pulsrepetitionsfrequenz und entsprechender Anpassung der übrigen Verfahrensparameter untersucht.

Mittels Transmissionselektronenmikroskopie (TEM) wird das Kristallitwachstum in Abhängigkeit der Scangeschwindigkeit bestätigt. Nach der Laserbehandlung mit v_{scan} = 250 mm/s sind auf der TEM-Aufnahme des mittels Ionenfeinstrahl (FIB, Focused Ion Beam) erzeugten Schichtquerschnitts im Gegensatz zu der unbehandelten Schicht eindeutig Kristallite mit Durchmessern im Bereich 15 – 30 nm deutlich sichtbar (Bild 4-16, rechts).

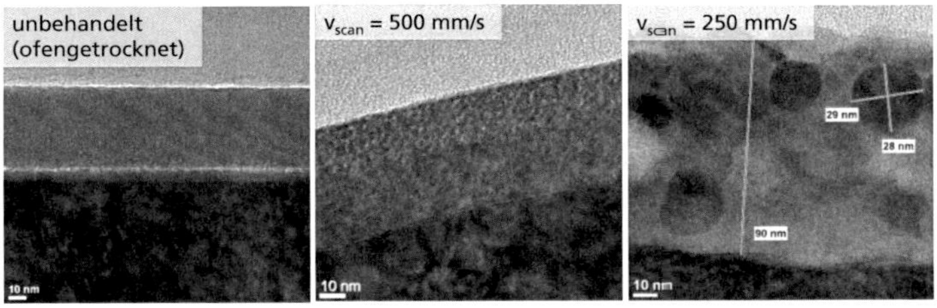

Bild 4-16

TEM- Aufnahmen der FIB-Schnitte nach Ofentrocknung (links), nach der Laserbehandlung mit v_{scan} = 500 mm/s (mitte) sowie v_{scan} = 250 mm/s (rechts)

Die abgebildeten Strukturen sind für den Fall der Laserbehandlung mit v_{scan} = 500 mm/s mit Größen von ≤ 5 nm deutlich kleiner (Bild 4-16, Mitte). Da die Theorie besagt, dass eine Verbreiterung der Bragg-Reflexe auf kleine Kristallite zurückzuführen ist, stimmt diese Beobachtung sehr gut mit dem Ergebnis der Röntgenbeugungsanalyse überein, welche für den Fall der Laserbehandlung mit v_{scan} = 500 mm/s deutlich breitere Braggreflexe zeigt (Bild 4-14 und Bild 4-15).

Die Analyse mittels Energiedispersiver Röngenspektroskopie (EDX, Energy-dispersive X-Ray Spectroscopy) liefert Sicherheit darüber, dass es sich bei den mittels TEM abgebildeten Kristalliten tatsächlich um ZrO_2-Kristallite handelt. Der EDX-Linienscan entlang des Schichtquerschnitts der mit v_{scan} = 250 mm/s laserbehandelten Probe zeigt deutliche Zirkon-Ansammlungen mit Dimensionen, die der Kristallitgröße auf der TEM-Aufnahme entsprechen (Bild 4-17).

Bild 4-17

EDX-Linienscan entlang dem Querschnitt der mit v_{scan} = 250 mm/s laserbehandelten Schicht

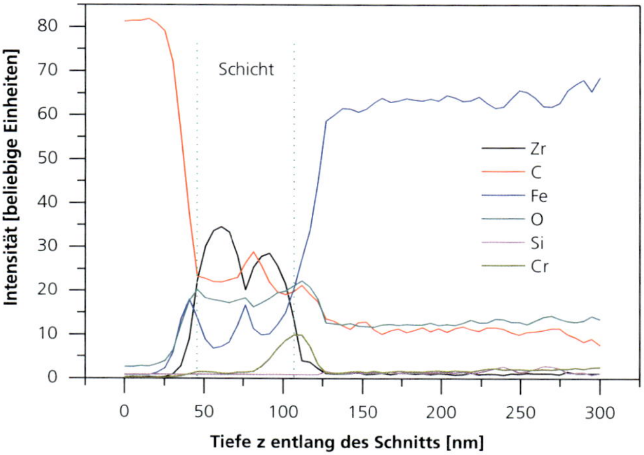

Weiterhin lässt sich anhand des EDX-Linienscans feststellen, dass eine Diffusion von Eisenatomen in die ZrO_2-Matrix stattgefunden hat (blaue Kurve in Bild 4-17). Eine Abschätzung der Diffusionslänge δ_{Diff} kann gemäß

4.3 $$\delta_{Diff} \sim \sqrt{D \cdot t_H}$$

mit

D Diffusionskonstante

t_H Temperaturhaltezeit

erfolgen [93, 94]. Mit der FEM-berechneten akkumulierten Haltezeit für T > 800 °C von ca. 1560 µs für den Fall der Bearbeitung mit v_{scan} = 250 mm/s (vgl. Gleichung 4.5 in Kapitel 4.3.1) lässt sich mit Gleichung 4.3 die Größenordnung der Diffusionskonstanten der Eisenatome in der Beschichtung abschätzen. Da der Eisengehalt entlang des gesamten Schichtquerschnitts (Schichtdicke ca. 70 nm) gemessen wird, muss die Diffusionslänge mindestens ca. 70 nm betragen. Daraus folgt eine gemäß Gleichung 4.3 abgeschätzte Diffusionskonstante in der Größenordnung D (800 °C) $\approx 5 \cdot 10^{-9}$ cm²/s. Literaturwerte für die Diffusionskonstante von Eisen in ZrO_2 sind nicht bekannt. Ramappa und Henley weisen jedoch in ihrer Studie [94] nach, dass die Diffusion von Eisen in einer SiO_2-Matrix der Arrhenius Beziehung gemäß

4.4 $$D = 4 \cdot 10^{-8} \cdot e^{\left(\frac{-1,51[eV]}{kT}\right)} \left[\frac{cm^2}{s}\right]$$

mit

k Boltzmann-Konstante

$1,51\ eV$ Aktivierungsenergie

folgt. Für T = 800 °C folgen daraus Werte in der Größenordnung $3 \cdot 10^{-15}$ cm²/s, die deutlich unterhalb dem abgeschätzten Wert für die Diffusionskonstante in der ZrO_2-basierten Sol-Gel-Schicht liegen. Die abgeschätzte Diffusionsgeschwindigkeit der Eisenatome in der laserbehandelten Sol-Gel-Schicht überschreitet diese Literaturangaben zur Diffusionsgeschwindigkeit von Eisen in einer SiO_2-Matrix daher bei weitem. Dies kann damit erklärt werden, dass die hier untersuchte Sol-Gel-Schicht zum einen erst im Laufe der Laserbehandlung eine kristalline Struktur ausbildet und zum anderen aufgrund der geringen Größe der Kristallite im nm-Bereich sehr viele Korngrenzen aufweist und damit eine sehr viel größere Zahl von Gitterfehlstellen für die Diffusion bietet als eine ausgebildete Metalloxid-Matrix.

Der EDX-Linienscan zeigt weiterhin, dass der Sauerstoffgehalt an der Substratoberfläche signifikant erhöht ist (türkisfarbene Linie in Bild 4-17). Ein bis zu der Tiefe z = 1800 µm von der Probenoberfläche fortgesetzter Scan zeigt jedoch, dass dieser erhöhte Sauerstoffgehalt in dem Grundgefüge des Stahls nicht vorliegt (Bild 4-18).

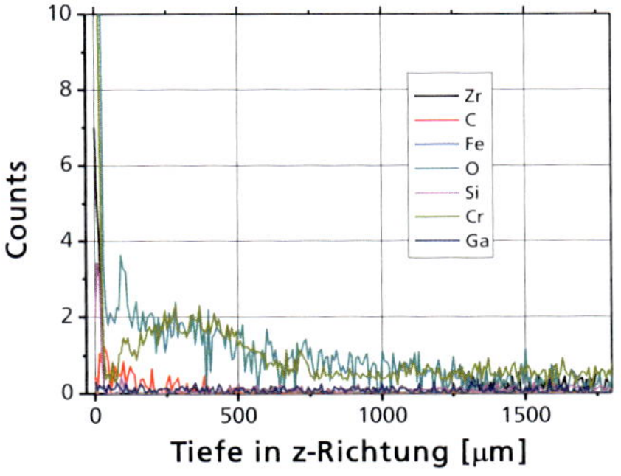

Bild 4-18

Der bis zu einer Tiefe von z = 1800 µm fortgesetzte EDX-Linien-Scan entlang der mit v_{scan} = 250 mm/s laserbehandelten Probe zeigt ein gegen 0 konvergierendes O-Signal bei z = 1500 µm

Auf Basis der gesammelten Erkenntnisse lässt sich demnach feststellen, dass sich in der laserbehandelten Schicht eine nanokristalline ZrO_2-Matrix mit eingelagerten Eisenatomen ausgebildet hat. Das eingelagerte Eisen ist aufgrund des hohen Sauerstoffgehalts an der Grenzfläche zwischen Beschichtung und Substrat zumindest zum Teil oxidiert. Neben den Eisenoxidverbindungen liegen jedoch auch nicht oxidierte Eisenatome in der ZrO_2-Matrix vor, da sich bei den laserbehandelten Schichten qualitativ eine elektrische Leitfähigkeit nachweisen lässt, die in dem Fall der unbearbeiteten Schichten nicht vorliegt. Die eingelagerten Eisenatome stellen Fehlstellen in der ZrO_2-Matrix dar, und sind demnach für die Verschiebung der entsprechenden Bragg-Reflexe in dem Röntgendiffraktogramm verantwortlich.

4.3.1 Abgleich der Ergebnisse mit den laserinduzierten Temperaturverteilungen

Im Folgenden werden die laserinduzierten Temperaturverteilungen für den Fall der Bearbeitung mit v_{scan} = 500 mm/s und 250 mm/s betrachtet. Bei der Bearbeitung mit v_{scan} = 250 mm/s wird laut FEM-Berechnungen eine Maximaltemperatur von T_{max} = 1750 °C erreicht (Bild 4-19, links), während bei v_{scan} = 500 mm/s maximal eine um ca. 150 °C geringere Temperatur T_{max} = 1600 °C erreicht wird (Bild 4-19, rechts).

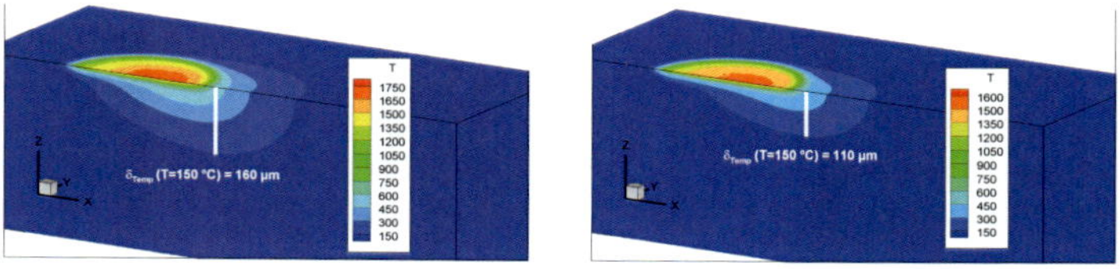

Bild 4-19

FEM-berechnete Temperaturverteilungen für v_{scan} = 250 mm/s (links) und 500 mm/s (rechts). T_{max} beträgt 1750 °C bzw. 1600 °C

Die laserinduzierten Maximaltemperaturen der beiden betrachteten Fälle mit signifikant unterschiedlichem Ergebnis hinsichtlich des Kristallisationsgrads und der Kristallitgröße in der Beschichtung unterscheiden sich demnach lediglich um ca. 10 %. Wesentlich größer ist der Unterschied der Temperaturhaltezeiten. Betrachtet wird die Temperaturhaltezeit von $T \geq 800$ °C, da in vorangegangenen Untersuchungen von Uhlmann et al. im Rahmen von konventionellen Ofenbehandlungen des Beschichtungsmaterials die Temperatur T = 800 °C als Kristallisierungstemperatur des verwendeten Beschichtungsmaterials identifiziert wurde (vgl. Kapitel 2.2). Diese ist bei der Laserbehandlung mit v_{scan} = 250 mm/s mit t_H ($T \geq 800$ °C) = 410 µs etwa um den Faktor 4 größer als bei der Behandlung mit v_{scan} = 500 mm/s. Die deutlich höhere Haltezeit ist auf die höhere Zahl während der Überfahrt eines Strahldurchmessers abgegebener Pulse von $n \approx 8$ (v_{scan} = 250 mm/s) gegenüber $n \approx 4$ (v_{scan} = 500 mm/s) zurückzuführen (Gleichung 4.2). Dabei ist zu beachten, dass dies nur die im Rahmen einer einzelnen Überfahrt des Laserstrahls realisierten Haltezeiten sind. Bei Berücksichtigung des Überlapps der einzelnen Scanvektoren ergibt sich für den Fall der Bearbeitung mit v_{scan} = 250 mm/s absolut eine akkumulierte Temperaturhaltezeit von

4.5
$$t_{H,akk}(T > 800°C) = \frac{d_S}{d_y} \cdot t_H(T > 800\,°C) = 3{,}8 \cdot 410\ \mu s \approx 1560\ \mu s$$

mit

d_S	Strahldurchmesser
d_y	Spurversatz (hier $d_y = 0{,}1$ mm)
$t_H\,(T \geq 800°C)$	Temperaturhaltezeit für T ≥ 800 °C (Einzelspur)

4.3.2 Untersuchung des Einflusses der Maximaltemperatur sowie Aufskalierbarkeit der Flächenrate

Wird durch die Wahl einer Parameterkombination mit einer um den Faktor drei gesteigerten Pulsrepetitionsfrequenz von f = 15 kHz und einer Scangeschwindigkeit von v_{scan} = 400 mm/s die Anzahl der pro Stelle abgegebenen Pulse auf n = 14 erhöht, und gleichzeitig die Pulsenergie deutlich auf E_P = 4 mJ gesenkt, so wird theoretisch eine Temperaturverteilung mit geringerer Maximaltemperatur induziert, die einen Verlauf der Haltezeit von Temperaturen > 800 °C aufweist, der etwa dem Verlauf der entsprechenden Haltezeit für den Fall der Bearbeitung mit v_{scan} = 250 mm/s, E_P = 9 mJ und f = 5 kHz entspricht (Bild 4-20).

Bild 4-20

FEM-berechnete Temperaturhaltezeiten für Temperaturen ≥ 800 °C in Abhängigkeit der Entfernung von der Substratoberfläche

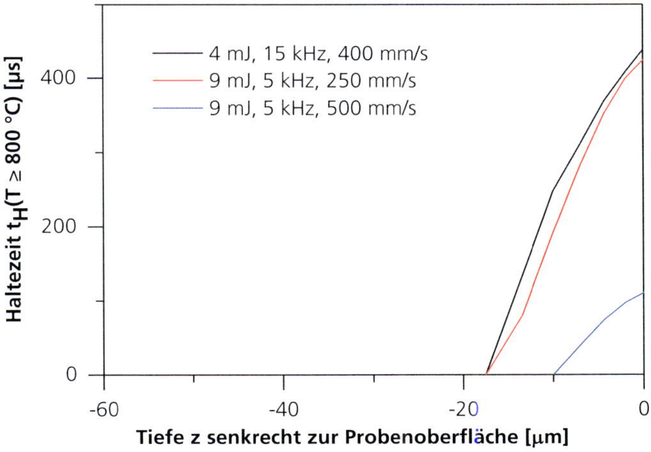

Die Maximaltemperatur liegt in diesem Fall mit T_{max} ≈ 1300 °C jedoch 400 °C unterhalb der mit der ursprünglichen Parameterkombination und v_{scan} = 250 mm/s erzeugten Maximaltemperatur von T_{max} = 1750 °C.

Experimentell erhält man in diesem Fall eine Schicht, die gemäß der Analyse der Röntgenbeugungsspektren ebenfalls eine nanokristalline Phase aufweist. Die Positionen der Peaks in dem entsprechenden Röntgenbeugungsspektrum stimmen sehr gut mit den Peakpositionen in dem Spektrum der Schicht, die mit v_{scan} = 250 mm/s, f = 5 kHz und E_P = 9 mJ laserbehandelt wurde, überein (Bild 4-21). Aufgrund geänderter Messbedingungen der neuen Messung kann die hier zur erhöhten Vergleichbarkeit angepasste Höhe der Peaks nicht für eine Einordnung der Kristallisierung der mit f = 15 kHz laserbehandelten Schicht herangezogen werden. Anhand der sehr gut übereinstimmenden Breite der Peaks kann jedoch festgestellt werden, dass eine vergleichbare Kristallisierung vorliegt (die exakten Positionen der Peaks sind in Tabelle 19 aufgeführt).

Bild 4-21

Röntgenbeugungsspektrum der mit f = 15 kHz, E_P = 4 mJ und v_{scan} = 400 mm/s laserbehandelten Schicht (zum Vergleich ist das Spektrum der mit f = 5 kHz, E_P = 9 mJ, v_{scan} = 250 mm/s laserbehandelten Probe mit abgebildet)

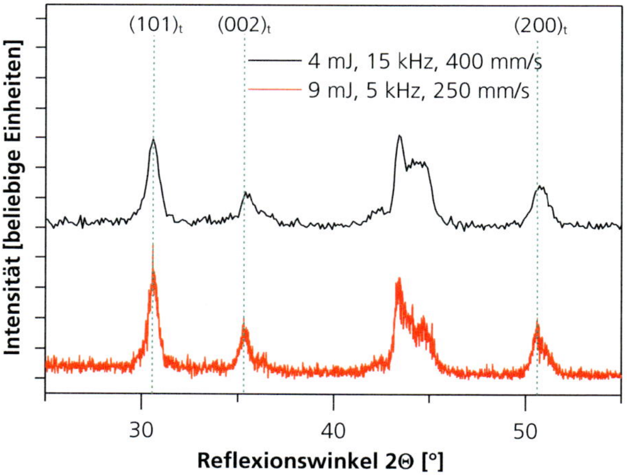

Darüber hinaus findet analog zu der vorangegangenen Versuchsreihe die Entstehung des durch das Stahlsubstrat verursachten Peaks bei $2\Theta \approx 43$ ° statt. Die Diskussion dieses mit der (400)-Ebene des kubischen Eisenoxids assoziierten Bragg-Reflexes bei $2\Theta \approx 43$ ° erfolgt in Kapitel 4.3.3 (Literaturwert der Position des (400)-Reflexes des kubischen Eisenoxids: 2Θ = 43,091 °). Damit ist gezeigt, dass die durch die Laserbehandlung verursachten Prozesse in der Schicht und dem Substrat in hohem Maße abhängig von der Haltezeit im µs-Bereich sind. Die Maximaltemperatur hat in dem hier betrachteten Bereich von T_{max} = 1300 – 1750 °C einen deutlich geringeren Einfluss. Neben dieser Feststellung demonstrieren diese Ergebnisse, dass eine Aufskalierung der Flächenrate des laserbasierten Funktionalisierungsprozesses durch Erhöhung der Pulsrepetitionsfrequenz möglich ist. Durch die Erhöhung der Pulsrepetitionsfrequenz auf f = 15 kHz (vorher f = 5 kHz) und die Anpassung der übrigen Parameter ist damit bei vergleichbarem Resultat (Bild 4-21) eine Erhöhung der Flächenrate um 60 % auf 0,4 cm²/s erfolgt (Tabelle 20). Die eingestrahlte mittlere Leistung beträgt in diesem Fall ca. 65 W.

Tabelle 20

Vergleich der Verfahrensparametersätze mit f = 5 kHz und f = 15 kHz

	f = 5 kHz	**f = 15 kHz**
Mittlere Leistung P_L	45 W	65 W
Scangeschwindigkeit v_{scan}	250 mm/s	400 mm/s
Pulsenergie E_P	E_P = 9 mJ	E_P = 4 mJ
Pulslänge t_P	20 µs	20 µs
Spurversatz d_y	0,1 mm	0,1 mm
Flächenrate	0,25 cm²/s	0,4 cm²/s
T_{max}, Oberfläche	ca. 1750 °C	ca. 1600 °C
t_H(T ≥ 800 °C), Oberfläche	ca. 430 µs	ca. 440 µs

4.3.3 Einfluss der Prozessatmosphäre

Das Röntgenbeugungsspektrum einer unbeschichteten Stahlprobe nach der Laserbehandlung in Normatmosphäre zeigt neben dem Bragg-Reflex 2Θ = 44,6 °, der der Stahllegierung des Substrats im Ausgangszustand zuzuordnen ist, weitere Reflexe bei 2Θ = 30,2 °, 35,4 °, 36,3 °, 41,2 °, 43,3 ° und 44,7 °, die bei einer unbehandelten Stahlprobe nicht gemessen werden (Bild 4-22).

Bild 4-22

Röntgenbeugungsspektren unbeschichteter Stahlproben (unten: unbehandelt, oben: laserbehandelt mit v_{scan} = 250 mm/s)

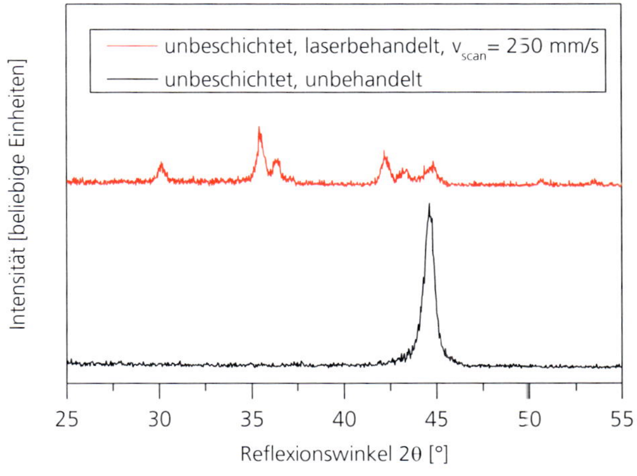

Die Positionen dieser Reflexe bei $2\Theta = 30{,}2\,°$, $35{,}4\,°$ und $43{,}3\,°$ stimmen gut mit den Literaturwerten der Positionen des (220), (311) und des (400)-Reflexes des kubischen Eisenoxids (Fe_3O_4) überein (Tabelle 21) [95].

Tabelle 21

Literaturwerte der Positionen der Bragg-Reflexe von Fe_3O_4 (kubisch) [96]

hkl-Ebene	2Θ [°]
(311)	35,456
(220)	30,102
(400)	43,091
(222)	37,089
(422)	53,459
(331)	47,180

Die Laserbehandlung einer unbeschichteten Stahloberfläche bewirkt demnach die Entstehung einer Eisenoxidschicht.

Eine reine Eisenoxidschicht entsteht in dem Fall der beschichteten Proben jedoch nicht. Dies zeigt der im Vergleich mit dem Sauerstoffgehalt etwa um den Faktor 3 – 4 höhere Eisengehalt an der Grenzfläche zwischen Beschichtung und Substrat (Röntgenbeugungsdiffraktogramm, Bild 4-17). Vielmehr zeigen die in Kapitel 4.3 dargestellten Ergebnisse, dass sich eine Art Kompositschicht aus kristalliner ZrO_2-Matrix mit eingelagerten Eisenbestandteilen gebildet hat. Um den Einfluss des Sauerstoffgehalts in der Prozessatmosphäre auf die zu dieser Schichtstruktur führenden Prozesse zu untersuchen, werden vergleichende Versuche in Normatmosphäre und Stickstoff (N_2)-Atmosphäre mit geringem Restsauerstoffgehalt von ca. 15 PPM durchgeführt. Das Röntgenspektrum der in sauerstoffarmer N_2-Atmosphäre laserbehandelten Schicht zeigt eine etwas geringere Ausprägung des (002)t-Bragg-Reflexes bei $2\Theta \approx 35{,}36\,°$, weiterhin jedoch einen vergleichbaren Verlauf wie die in Normatmosphäre behandelte Schicht (Bild 4-23).

Bild 4-23

Röntgenbeugungsspektren beschichteter Stahlproben nach der Laserbehandlung (v_{scan} = 250 mm/s) in Normatmosphäre (unten) und N_2-Atmosphäre mit 15 PPM Restsauerstoffgehalt (oben)

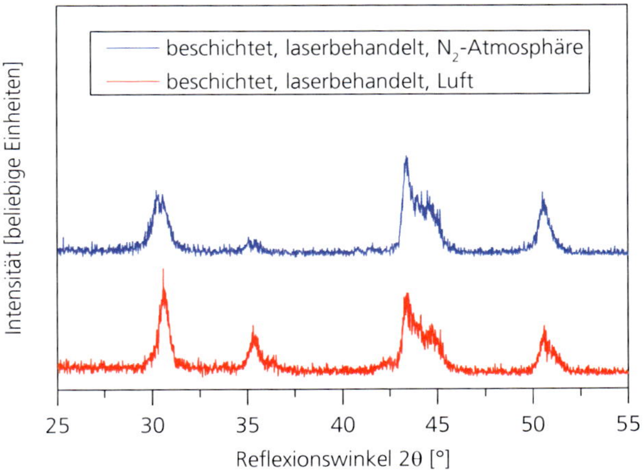

Insbesondere ist der Reflex bei $2\Theta \approx 43$ ° eindeutig nachweisbar. Demnach werden die zu der Komposit-Schichtstruktur führenden Prozesse nur geringfügig durch den in der Prozessatmosphäre vorliegenden Sauerstoffgehalt beeinflusst. Der zur Bildung von Eisenoxidbestandteilen erforderliche Sauerstoffgehalt wird demnach durch Bestandteile der Sol-Gel-Schicht zur Verfügung gestellt. Die ofengetrockneten Schichten weisen vor der Laserbehandlung keine Wasserbestandteile auf. Durch die Laserbehandlung werden allerdings weitere Kondensationsreaktionen in der Schicht induziert, wodurch Wasser- und Alkoholmoleküle frei werden, die dann Sauerstoff für die Oxidbildung zur Verfügung stellen können (vgl. Kapitel 2.2).

4.3.4 Zwischenfazit

Wesentliche Ergebnisse der bisherigen experimentellen Verfahrensentwicklung:

1. Die gepulste Laserbehandlung der auf die Stahlsubstrate aufgebrachten Sol-Gel-Schichten führt zu einem signifikanten Anstieg der Abriebfestigkeit. Durch Reduzierung der Scangeschwindigkeit bei FEM-berechneten Maximaltemperaturen im Bereich T_{max} = 1600 – 1750 °C werden die eingeschliffenen Kalottendurchmesser von > 150 µm auf ≤ 50 µm reduziert.

2. Durch die Laserbehandlung wird eine Verdichtung der Schicht erzielt, die bei der Behandlung mit v_{scan} = 500 mm/s in einer mittleren

Reduzierung der Schichtdicke um ca. 35 % auf ≤ 70 nm resultiert. Für v_{scan} < 500 mm/s erfolgt eine stärkere Reduzierung der Schichtdicke, deren sinnvolle Quantifizierung aufgrund der hohen Messunsicherheit bei der Schichtdickenmessung nicht möglich ist. Die höhere Messunsicherheit für v_{scan} < 500 mm/s ist auf die mit abnehmender Scangeschwindigkeit zunehmende Oberflächenrauheit der Proben zurückzuführen.

3. Mittels Röntgenbeugungsanalyse wird die Ausbildung einer durch die Laserbehandlung induzierten nanokristallinen ZrO_2-Phase in der Schicht nachgewiesen. Die Ausbildung dieser Kristallphase mit maximalen Kristallitgrößen von ca. 15 nm wird mittels transmissionselektronenmikroskopischer Analysen bestätigt.

4. In vorangegangenen Untersuchungen von Uhlmann et al. wurde im Rahmen von ofenbasierten Temperaturbehandlungen gezeigt, dass für die Kristallisierung des Beschichtungsmaterials Temperaturen von T ≥ 800 °C vorliegen müssen. Dabei wurden die Ofentemperaturen jeweils für 15 Minuten gehalten [64]. Die Untersuchung des Einflusses signifikant kürzerer Temperaturhaltezeiten ist bisher nicht erfolgt. Mit den in dem vorliegenden Kapitel erarbeiteten Ergebnissen sind nun erstmals Aussagen über die für die Kristallisierung erforderlichen Temperaturhaltezeiten auf der Zeitskala einer Laserbehandlung möglich. Bei Maximaltemperaturen von ca. 1600 °C in Verbindung mit Haltezeiten von t_H (T > 800 °C) ≈ 110 µs beginnt die Ausbildung der nanokristallinen ZrO_2-Phase. Die Größen der gebildeten Kristallite bleiben in diesem Fall jedoch bei ≤ 5 nm. Wird die Haltezeit auf t_H (T > 800 °C) ≈ 410 µs (akkumuliert Haltezeit $t_{H,akk}$ (T > 800 °C) ≈ 1560 µs) erhöht, so findet ein signifikantes Kornwachstum auf Größen von ca. 15 - 30 nm statt.

5. Im Rahmen der systematischen Versuchsreihe zur Funktionalisierung der Einzelschichten gelingt die Kristallisierung der Schichten mit einer maximalen Flächenrate von 0,5 cm^2/s. Dieser Wert liegt unterhalb der angestrebten Flächenrate von ≥ 1 cm^2/s. Die Aufskalierbarkeit dieser Flächenrate des Kristallisierungsprozesses wird jedoch durch Erhöhung der Pulsrepetitionsfrequenz demonstriert. Die Erhöhung der Frequenz um den Faktor 3 sowie die simulationsgestützte Anpassung der übrigen Verfahrensparameter ermöglicht bei vergleichbarem Röntgenbeugungsspektrum die Steigerung der Flächenrate um ca. 60 %. Im Rahmen dieser Versuchsreihe erfolgt die Anpassung der Verfahrensparameter so, dass die Haltezeit der Temperaturen > 800 °C konstant bleibt. Die Maximaltemperatur kann dagegen von ca. 1750 °C auf ca. 1600 °C reduziert werden.

6. Durch die Laserbehandlung wird eine Diffusion von Eisenatomen in die Schichtmatrix verursacht. Dies führt zur Ausbildung einer Kompositstruktur, die aus einer nanokristallinen ZrO_2-Matrix mit eingelagerten Eisen-Bestandteilen in Form von Eisen und Eisenoxid besteht. Aus diesem Grund weisen die laserbehandelten Schichten qualitativ eine elektrische Leitfähigkeit auf. Diese wird durch die Aufbringung zweier Elektroden mit einem Multimeter nachgewiesen. Die Quantifizierung der elektrischen Leitfähigkeit muss in zukünftigen Untersuchungen mittels 4-Punkt-Messmethode erfolgen.

Die tatsächlich für den Einsatz unter realen Verschleißbedingungen erforderliche Schichtdicke ist sehr stark von den spezifischen Anforderungen des jeweiligen Anwendungsfalls abhängig. Die bisher im Rahmen der Einzelschichtuntersuchungen erzielten Schichtdicken von ca. 70 nm erscheinen jedoch im Vergleich zu üblichen Schichtdicken industriell eingesetzter PVD-Verschleißschutzschichten (ca. 1 µm) gering. Aus diesem Grund ist die Erhöhung der erzeugten Schichtdicken erforderlich. Darüber hinaus ist auf Basis dieser anhand von Einzelschicht-Untersuchungen gewonnenen Ergebnisse keine quantifizierte Aussage über die Härte der laserbehandelten Schichten möglich. Aus diesem Grund sollen die bisherigen Untersuchungen durch Nanoindentationshärtemessungen ergänzt werden. Diese erfordern jedoch eine Mindestschichtdicke von ca. 200 nm.

4.4 Herstellung von Mehrschichtstapeln und mechanische Charakterisierung

4.4.1 Zielstellung und Herausforderung

Der angestrebte Einsatzzweck der laserbehandelten Schichten als Verschleißschutzschichten erfordert gemäß den Erläuterungen des vorangegangenen Kapitels die Erzeugung höherer Schichtdicken. Weiterhin soll die Quantifizierung der mechanischen Schichteigenschaften mit Hilfe der Nanoindentation erfolgen. Dies ist eine etablierte Methode zur Charakterisierung dünner Schichten. Jedoch ist die Charakterisierung der laserbehandelten Einzelschichten aufgrund der geringen resultierenden Schichtdicke von nur noch ca. 70 nm (Bild 4-12) unter Berücksichtigung der Vorgaben der Norm zur Härtemessung nicht möglich (vgl. Kapitel 7.4.2).

Mit dem eingesetzten Gerät zur Nanoindentationshärtebestimmung (Fischer HM500) werden an Schichten mit Härten im Bereich 800 – 1200 HV minimale Eindringtiefen von ca. 20 - 30 nm erzielt. Die zu vermessenden Schichten müssen demnach eine Schichtdicke von ca. 200 nm aufweisen, damit die gemäß Norm vorgegebene maximale Eindringtiefe von 10 % gewährleistet werden kann. Dies ist erforderlich, damit ein Einfluss des Substrats auf die Härtemessung ausgeschlossen werden kann.

Zur Erhöhung der Schichtdicke stehen folgende Möglichkeiten zur Verfügung:

1. Reduzierung der Rotationsgeschwindigkeit bei der Deposition des Beschichtungsmaterials mittels Rotationsbeschichtungsverfahren (siehe Bild 3-5). Dies geht jedoch mit einer größeren Schichtdickeninhomogenität einher und ist daher nicht zielführend.

2. Künstliche Alterung des Sols vor der Deposition, z. B. durch Lagerung im Trockenofen bei erhöhter Temperatur. Dabei wird durch teilweise Verdampfung der enthaltenen Lösungsmittel die Entfernung zwischen den molekularen Vorstufen im Sol reduziert, was zu Kondensationsreaktionen führt (vgl. Kapitel 2.2). Dies ist eine sinnvolle Möglichkeit, jedoch ergeben sich weitere Schwierigkeiten wie eine erhöhte Schichtporosität. Darüber hinaus kann auch in diesem Fall die kritische Schichtdicke nicht überschritten werden, ohne dass Mikrorisse in der Schicht entstehen.

3. Herstellung von Mehrfachschichtstapeln

Die Möglichkeiten 1 und 2 werden aufgrund der aufgeführten Nachteile im Rahmen der vorliegenden Arbeit nicht weiterverfolgt.

Die Erzielung größerer Schichtdicken erfolgt im Rahmen der vorliegenden Arbeit durch die Herstellung von Mehrschichtstapeln (Möglichkeit 3). Dabei besteht die zentrale Herausforderung in der Entwicklung einer Systematik zur Wahl der Verfahrensparameter für die einzelnen Schichtlagen.

4.4.2 Entwicklung einer Systematik zur Herstellung von Mehrschichtstapeln

Für die Erzielung einer Gesamtschichtdicke von ca. 200 nm (Einzelschichtdicke $\leq$ 70 nm) werden 4-Schichtstapel (Schichtordnung $N = 1 - 4$) erzeugt. Im Rahmen von Voruntersuchungen wurde die Laserbehandlung von Mehrschichtstapeln untersucht, die durch die Wiederholung der Sequenz aus Rotationsbeschichtung (vgl. Kapitel 3.2) und Ofentrocknung erzeugt wurden. Dabei hat sich gezeigt, dass in auf diesem Wege hergestellten Schichtstapeln durch die Laserbehandlung spontan Mikrorisse verursacht werden.

Im Folgenden wird daher untersucht, ob dies vermieden werden kann, wenn jede einzelne Schicht sowohl getrocknet als auch kristallisiert wird. Im Vorfeld hat sich bereits gezeigt, dass die Übertragung eines für Schicht 1 als vorteilhaft identifizierten Parametersatzes, der zu einem Bearbeitungsresultat knapp unterhalb der Zerstörschwelle führt, auf die darauffolgenden Schichten zur Rissbildung im Gesamtschichtstapel führt. Dies ist darauf zurückzuführen, dass die Schichten geringerer Schichtordnung $N < 4$ bei dieser Strategie mehrfach behandelt werden und demnach eine Temperaturbehandlung über ihre Belastungsgrenze hinaus erfahren.

Aus diesem Grund wird die in Bild 4-24 gezeigte Systematik verfolgt, im Rahmen derer die für den Gesamtschichtstapel vorteilhafte Höhe der Energieeinträge für die verschiedenen Schichtordnungen identifiziert wird.

Bild 4-24

Systematik zur Erstellung der 4-Schichtstapel

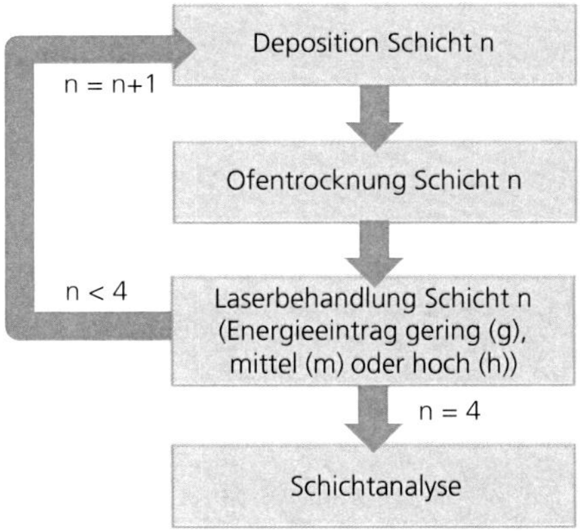

Ausgehend von dem im vorangegangenen Kapitel identifizierten Parametersatz, dessen Verwendung zu der Kristallisierung der Schichten führt (Bild 4-21), werden weitere Parametersätze mit jeweils verdoppelter Scangeschwindigkeit und demnach reduzierter Temperaturhaltezeit (und reduzierter Maximaltemperatur) definiert. Eine kleinere Scangeschwindigkeit resultiert gemäß Gleichung 4.2 in einer größeren Zahl der pro Stelle abgegebenen Pulse und damit in einem höheren Energieeintrag. Die durch die höheren Scangeschwindigkeiten erzeugten reduzierten Maximaltemperaturen und Temperaturhaltezeiten werden mittels FEM-Berechnungen ermittelt. Die Ergebnisse der drei mit g, m und h (g: geringer Energieeintrag, m: mittlerer Energieeintrag und h: hoher Energieeintrag) definierten Parametersätze sind in Tabelle 22 zusammengefasst.

Tabelle 22

Definierte Parametersätze g, m, h und die entsprechenden laserinduzierten Maximal-temperaturen und Temperatur-haltezeiten

Parameter	Geringer Energieeintrag (g)	Mittlerer Energieeintrag (m)	Hoher Energieeintrag (h)
Strahldurchmesser d_S	0,38 mm	0,38 mm	0,38 mm
Wellenlänge λ	980 nm	980 nm	980 nm
Pulslänge t_P	20 µs	20 µs	20 µs
Pulsrepetitionsfrequenz f	15 kHz	15 kHz	15 kHz
Pulsenergie E_P	4 mJ	4 mJ	4 mJ
Scangeschwindigkeit v_{scan}	1600 mm/s	800 mm/s	400 mm/s
Maximaltemperatur T_{max}	850 °C	1050 °C	1350 °C
Haltezeit t_H(T>800°C) (Einzelspur)	7 µs	70 µs	440 µs
Spurversatz d_y	0,1 mm	0,1 mm	0,1 mm
Haltezeit $t_{H,akk}$ (T>800°C) (akkumuliert) je Behandlung	27 µs	260 µs	1670 µs

Die drei mit g, m und h bezeichneten Parametersätze unterscheiden sich hinsichtlich der laserinduzierten Temperaturverteilung. Sowohl die Maximaltemperatur T_{max} als auch die Haltezeit t_H (T ≥ 800°C) steigen aufgrund der mit abnehmender Scangeschwindigkeit größeren Zahl der pro Strahldurchmesserüberfahrt abgegebenen Pulse (vgl. Gleichung 4.2) von g über m bis auf h auf maximal T_{max} = 1350 °C und t_H (T ≥ 800°C) = 440 µs an. Bei Betrachtung der FEM-simulierten Temperaturverteilungen wird der daraus folgende Unterschied hinsichtlich Maximaltemperatur T_{max} (t) und Haltezeit t_H(T ≥ 800 °C) (z) deutlich (Bild 4-25).

Bild 4-25

Temperatur-Zeit-Verläufe $T_{max}(t)$ (links) sowie Haltezeiten t_H (T > 800 °C) (z) als Funktion der Entfernung z von der Probenoberfläche (rechts) für die 3 ausgewählten Parametersätze g, m, und h, simuliert am Beispiel der ersten Schicht (N=1)

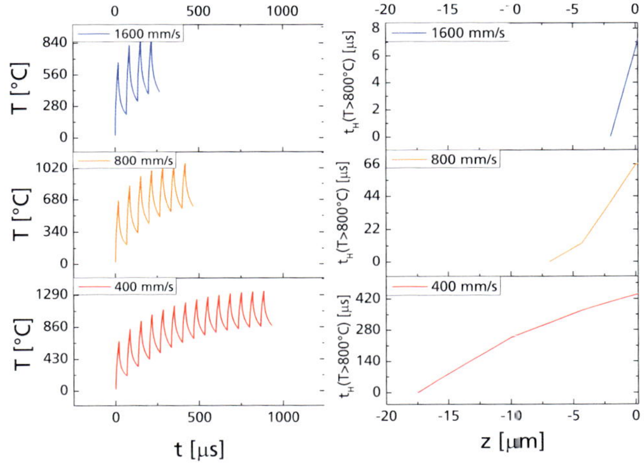

Im Rahmen einer systematischen Versuchsreihe mit den drei möglichen Parametersätzen je Schichtordnung ergeben sich für die 4-Schichtstapel daraus $3^4 = 81$ Kombinationsmöglichkeiten. Zu beachten ist, dass es sich bei den angegebenen FEM-berechneten Maximaltemperaturen und Haltezeiten um die Werte einer einzelnen Überfahrt des Laserstrahls handelt. Tatsächlich beträgt der Spurversatz 0,1 mm bei einem Strahldurchmesser von 0,38 mm, woraus ca. 3,8 Überfahrten für jede Fläche je Laserbehandlung resultieren. Die akkumulierten Haltezeiten $t_{H,akk}$ (T > 800 °C) sind demnach jeweils um den Faktor 3,8 länger.

4.4.3 Mechanische Charakterisierung der Mehrschichtstapel

Die Härte aller 81 möglichen Schichtkombinationsmöglichkeiten wird mittels Nanoindentation (Prüfparameter in Tabelle 23) gemessen.

Tabelle 23

Prüfparameter Nanoindentation (Fischer HM500)

Parameter	Wert
Max. Prüfkraft F_{Nano}[7]	0,1 mN = 0,0000102 kP
Belastungsdauer t_{bel}	20 s
Haltedauer t_{halte}	30 s
Entlastungsdauer t_{ent}	20 s

[7] Im Rahmen der Arbeit wird die Prüfkraft in mN angegeben

Die Härte eines Schichtstapels, dessen Schichten ausschließlich getrocknet wurden, beträgt ca. 100 HV. Im Vergleich dazu weisen die härtesten laserbehandelten Schichtstapel signifikant gesteigerte Härten von > 1000 HV auf (Bild 4-26).

Bild 4-26

Härten und Rauheiten einer Auswahl von 4-Schichtstapeln mit ansteigendem Energieeintrag für die oberste Schicht im Vergleich zu dem Ergebnis eines 4-Schichtstapels aus unbehandelten Schichten (Abkürzungen gemäß Tabelle 22)

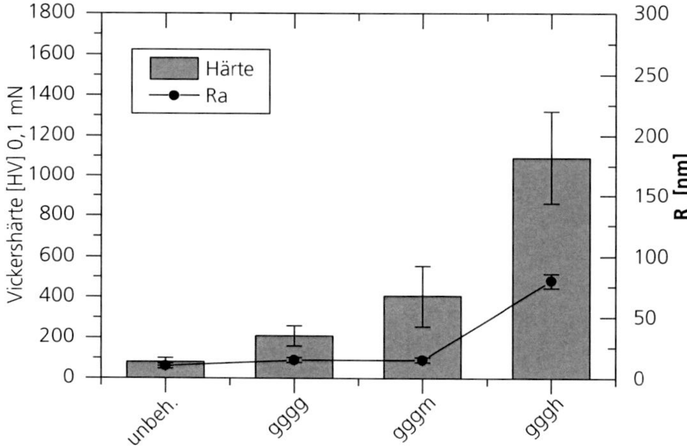

Dabei steigt die Härte des Schichtstapels mit dem Energieeintrag der obersten Schicht (Schichtordnung 4). Werden alle 4 Schichten mit dem geringen Energieeintrag g ($T_{max} \approx 850$ °C, $t_{H,akk}$ (T > 800 °C) ≈ 27 µs) bearbeitet, ergibt sich eine Härte von (210 ± 50) HV0,1 mN (Bild 4-26). Die erforderliche Kristallisierungstemperatur von 800 °C wird gemäß den FEM-Berechnungen in diesem Fall nur für maximal ca. 4 x 27 µs = 108 µs (durch 4-fache Wiederholung der Laserbehandlung akkumulierte Haltezeit der Temperaturen ≥ 800 °C in Schicht 1) überschritten. Gemäß den bisher erarbeiteten Ergebnissen ist in diesem Fall keine ausgeprägte Kristallisierung der Schichten zu erwarten, da die akkumulierte Haltezeit der Kristallisierungstemperatur von T = 800 °C gemäß den in Kapitel 4.3 dargestellten Ergebnissen ca. 1560 µs betragen muss, um eine ausgeprägte Kristallisierung der Schichten zu erzielen (vgl. Bild 4-20). Erfolgt die finale Bearbeitung der 4. Schicht dagegen mit dem mittleren Energieeintrag (Parametersatz m: $T_{max} \approx 1050$ °C, $t_{H,akk}$ (T ≥ 800 °C) ≈ 260 µs), steigt die gemessene Härte auf (404 ± 150) HV0,1 mN an. Wird der Energieeintrag der 4. Bearbeitung weiter erhöht (Parametersatz h: $T_{max} \approx 1350$ °C, $t_{H,akk}$ (T ≥ 800 °C) ≈ 1670 µs, je Laserbehandlung), steigt die Härte des Schichtstapels schließlich auf (1090 ± 230) HV0,1 mN an. Damit stimmen die Schichthärten im Rahmen der Genauigkeit sehr gut mit den Literaturwerten für ZrO_2-

Vollmaterial überein (Tabelle 6). Die Untersuchung der Schichtstruktur entlang des Querschnitts der Schicht mit dieser Härte erfolgt anhand einer transmissionselektronenmikroskopischen Analyse eines FIB-Schnitts. Dieser zeigt eine insgesamt ca. 160 nm starke Schicht, die bis zu einer Tiefe von ca. 70 nm von der Schichtoberfläche eine geringe ZrO_2-Korngröße von ≤ 5 nm aufweist (Bild 4-27).

Bild 4-27

Transmissionselektronenmikroskopische Aufnahme des FIB-Querschnitts des gggh-Schichtstapels (A: Substrat, B: kristallisierter Schichtstapel ca. 160 nm, C: Präparationsdeckschicht, D: ZrO_2-Kristallit)

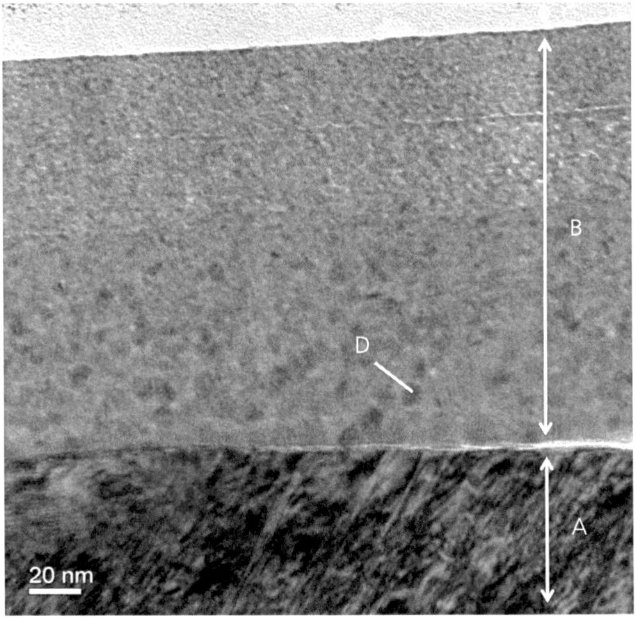

In darunterliegenden Schichttiefen weist die ZrO_2-Korngröße in Richtung der Substratoberfläche einen Gradienten mit ansteigender Tendenz bis zu ca. 10 – 15 nm auf. Demnach besteht eine Korrelation zwischen der erzielten ZrO_2-Kristallitgröße und der bereits erfolgten akkumulierten Temperaturhaltezeit bei einer bestimmten Temperatur. Die unteren Schichtlagen haben bereits bis zu 4 Laserbehandlungen erfahren, was gemäß den FEM-Berechnungen einer akkumulierten Gesamthaltezeit der Temperaturen ≥ 800 °C von ca.1750 µs entspricht. Mit dieser mehrfachen Temperaturbehandlung werden die unteren Schichtlagen ebenfalls mehrfach verdichtet, womit die Gesamtschichtdicke des 4-Schichtstapels von ca. 160 nm zu erklären ist. Für die Dicke einer Einzelschicht nach der Laserbehandlung mit v_{scan} = 500 mm/s wurde im

Rahmen der Untersuchungen an Einzelschichten der Wert d ≈ 70 nm ermittelt (vgl. Bild 4-12).

Die Feststellung dieser Korrelation von Kristallitgröße und Schichtdicke auf der einen und der Temperaturhaltezeit auf der anderen Seite, ermöglicht die gezielte Einstellung gradierter Schichtstrukturen innerhalb eines Mehrschichtstapels. In Kapitel 4.3 wurde bereits ein Zusammenhang zwischen der Schichtstruktur und der mechanischen Abriebfestigkeit festgestellt. Durch Kombination dieser beiden Erkenntnisse, der Korrelation zwischen dem laserinduzierten Temperatur-Zeit-Zyklus und der Schichtstruktur auf der einen sowie der Abriebfestigkeit und der Schichtstruktur auf der anderen Seite, wird perspektivisch die gezielte Modifikation von Schichteigenschaften durch gezielte Einstellung der jeweiligen Temperaturhaltezeit möglich. Dies ist insofern interessant, da für bestimmte Anwendungsbereiche beispielsweise ein gradierter Härteverlauf vorteilhaft wäre. Zum Beispiel ist denkbar, dass eine vergleichsweise weiche Oberflächenschicht für gute Gleiteigenschaften sorgt, während eine darunter liegende Schicht mit sehr hoher Härte die erforderliche mechanische Beständigkeit bewirkt.

Weiterhin lässt sich gemäß der Analyse des Schichtquerschnitts mittels Energiedispersiver Röntgenspektroskopie (EDX) analog zu der Analyse der Einzelschichten in Kapitel 4.3 eine Eisenkonzentration in der Schicht nachweisen (rote Kurve in Bild 4-28).

Bild 4-28

Linienscan mittels Energiedispersiver Röntgenspektroskopie entlang des FIB-Querschnitts des gggh-Schichtstapels (Verfahrensparameter in Tabelle 22, die Legendenanordnung entspricht der Spektrenanordnung bei x = 50 nm)

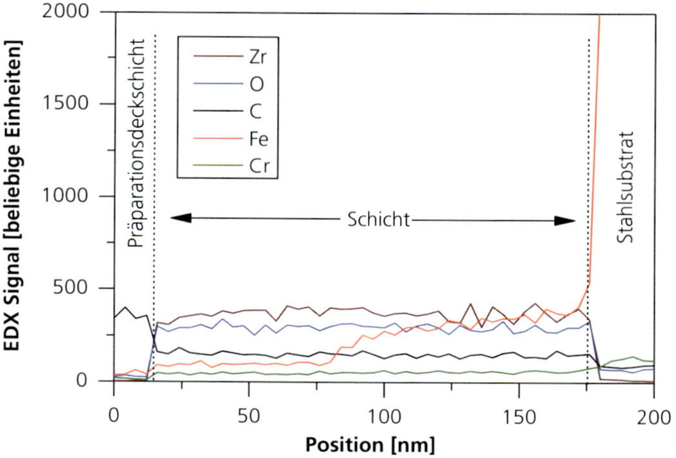

Die Diffusionslänge der Eisenatome in die Schicht beträgt ca. 100 nm. Die Abschätzung gemäß Gleichung 4.3 ergibt bei einer akkumulierten Gesamthaltezeit von 1750 µs einen Wert der Diffusionskonstanten von ca. $9 \cdot 10^{-9}$ cm²/s. Dieser Wert liegt in der Größenordnung der zuvor an Einzelschichten ermittelten Diffusionskonstante (vgl. Kapitel 4.3). Da die Sauerstoffkonzentration entlang des Schichtquerschnitts konstant ist, wird davon ausgegangen, dass es sich bei dem nachgewiesenen Eisengehalt um in die ZrO_2-Matrix diffundiertes, nicht oxidiertes Eisen handelt. Bei der erzeugten Schicht handelt es sich demnach um eine Kompositschicht, die aus einer nanokristallinen ZrO_2-Matrix mit eingelagerten Eisenbestandteilen besteht. Diese spezielle Schichtstruktur führt zu einer in vielen Anwendungsbereichen (z.B. Elektroden in Brennstoffzellen) gefragten Eigenschaftskombination einer hohen Verschleiß- und Temperaturbeständigkeit (gegeben durch die keramische Matrix) mit elektrischer Leitfähigkeit (gegeben durch die metallischen Bestandteile) [97, 98].

4.4.4 Fazit

Wesentliche Ergebnisse der Untersuchungen an Mehrschichtstapeln:

1. Die Nanoindentationsmessung an laserbehandelten 4-Schichtstapeln (Schichtdicke ca. 200 nm) liefert Schichthärten von maximal ca. 1090 HV0,1 mN. Dies ist im Vergleich zu der Härte eines Schichtstapels aus unbehandelten Schichten (ca. 80 HV0,1 mN) eine Steigerung um mehr als den Faktor 10. Im Vergleich zu der Härte des 100 Cr 6-Stahlsubstrats im vergüteten Ausgangszustand von ca. 890 HV 500 mN (vgl. Kapitel 3.1) liefert die hergestellte Beschichtung demnach einen Härteanstieg von ca. 200 HV. Dieser Wert liegt deutlich oberhalb der bisher im Rahmen von konventionellen Ofentemperaturbehandlungen (T = 900 °C, Haltezeit 15 Min.) eines vergleichbaren Beschichtungsmaterials auf Siliziumwafern erreichten Werts von ca. 700 – 800 HV0,05 mN. Auf 100 Cr 6 Stahlsubstraten ist eine solche konventionelle Ofenbehandlung in Normatmosphäre aufgrund der langen Haltezeit grundsätzlich nicht möglich.

2. Auf vergüteten Stahlsubstraten gelingt die Funktionalisierung des ZrO_2-basierten Beschichtungsmaterials mit Hilfe des entwickelten Laserverfahren demnach erstmals.

3. Die Temperaturhaltezeit sowie die Maximaltemperatur müssen dabei innerhalb des 4-Schichtstapels für die unteren 3 Schichten jeweils bei T_{max} = 850 °C und $t_{H,akk}$ (T > 800 °C) = 27 µs gehalten und erst bei der 4. Schicht auf T_{max} = 1350 °C und $t_{H,akk}$ (T > 800 °C) = 1670 µs erhöht werden (vgl. Tabelle 22), um zu hohe thermische Belastungen der ersten Schichten zu vermeiden.

4. Die finale Schichthärte des Stapels steigt mit dem Energieeintrag der letzten Schicht. Wird die rechnerische Maximaltemperatur für alle Schichten konstant bei 850 °C und die innerhalb einer Laserbehandlung akkumulierte Haltezeit von Temperaturen > 800 °C bei 27 µs gehalten, werden Gesamtschichthärten von ca. 200 HV erzielt. Wird die Maximaltemperatur für die letzte Schicht auf ca. 1350 °C und die akkumulierte Haltezeit von Temperaturen > 800 °C auf ca. 1670 µs erhöht, steigt die Gesamthärte auf ca. 1090 HV0,1 mN.

5. Vergleichbare Ergebnisse hinsichtlich des Zusammenhangs zwischen Temperaturverteilung und finalen Schichteigenschaften sind aus der Literatur nicht bekannt. Die Untersuchung dieses Zusammenhangs gelingt mit der entwickelten modellgestützten Vorgehensweise erstmals.

6. Mit steigender Maximaltemperatur und Haltezeit für die Laserbehandlung der 4. Schicht steigt ebenfalls die Oberflächenrauheit der beschichteten Probe auf maximal $R_a = 80$ nm. Dies ist im Vergleich zu der Rauheit einer unbehandelten Schichten von $R_a \approx 10$ nm ein signifikanter Anstieg, der aufgrund der ermittelten maximalen ZrO_2-Kristallitgröße von ca. 15 – 20 nm nicht ausschließlich auf die Schicht zurückgeführt werden kann.

5 Untersuchung der Einzelprozesse zur Abbildung der Prozesskette des Inline-Beschichtungs-Verfahrens

5.1 Detailbeschreibung des Inline-Beschichtungsverfahrens

Das bereits zu Beginn der Arbeit erläuterte Konzept des zu entwickelnden laserbasierten Beschichtungsverfahrens besteht aus 3 Verfahrensschritten (Bild 1-1):

1. Bedruckung der zu schützenden Bereiche auf dem anlassempfindlichen Stahlsubstrat
2. Trocknung des aufgedruckten Beschichtungsmaterials
3. Funktionalisierung der getrockneten Beschichtung

Bisher wurde mit der Funktionalisierung lediglich der letzte und wichtigste Schritt des Verfahrens betrachtet. In Kapitel 4 wird gezeigt, dass es möglich ist, das flächig aufgetragene Sol-Gel-Material nach der Trocknung mittels Laserverfahren in eine abrasionsbeständige, nanokristalline ZrO_2-Beschichtung mit signifikant gesteigerter Härte zu überführen ohne das Gefüge des Stahlsubstrats hinsichtlich seiner Härte negativ zu beeinflussen (Schritt 3).

In diesem Kapitel sollen nun die noch fehlenden Verfahrensschritte betrachtet werden. Dabei handelt sich um die Deposition des Beschichtungsmaterials mittels Druckverfahren (Schritt 1) sowie die laserbasierte Trocknung der deponierten Schicht (Schritt 2).

5.2 Schritt 2: Laserbasierte Trocknung

5.2.1 Vorgehensweise

Mit Blick auf die angestrebte Inline-Fähigkeit des laserbasierten Beschichtungsverfahrens ist die Erforschung eines inline-fähigen laserbasierten Trocknungsverfahrens zur Substitution des konventionellen Ofentrocknungsverfahrens erforderlich. Ziel des Trocknungsschritts ist primär die Entfernung der nach der Deposition in der Schicht verbleibenden Lösungsmittel-Reste sowie der zur Stabilisierung der Vorstufen eingesetzten organischen Bestandteile (organische Stabilisatoren) der Beschichtung. Die folgenden Untersuchungen werden mit dem in Kapitel 4.1 erläuterten Versuchsaufbau sowie mit der mittels Galvoscanner realisierten, mäanderförmigen Strahlführung durchgeführt. Voruntersuchungen haben gezeigt, dass bei zu großen Aufheizraten (ca $1 \cdot 10^7$ K/s, gemäß FEM Simulationen typische Aufheizraten bei der Behandlung mit µs-Pulsen) eine Zerstörung der Mikrostruktur ungetrockneter Schichten stattfindet, die durch zu schnelle Verdampfung der Lösungsmittel und Zersetzung der im ungetrockneten Zustand noch nicht vernetzten Vorstufen hervorgerufen wird. Dies ist der Grund für die Notwendigkeit einer zweistufigen Laserbehandlung.

Für die Lasertrocknung wird das CW-Modul sowie ein reduzierter Spurversatz von d_y = 0,06 mm eingesetzt, um geringe Aufheizraten zu realisieren. Im Rahmen der Versuchsreihe wird die Trocknungstemperatur durch sukzessive Erhöhung der Laserleistung von 10 – 70 W erhöht. Der jeweils erzielte Trocknungszustand wird sowohl mittels FTIR[8]-Analyse als auch mittels Schichtdickenanalyse beurteilt. Als Referenz wird eine ofengetrocknete Schicht herangezogen (T = 150 °C, 1h Haltezeit, 15 Min. Aufheizzeit).

5.2.2 Ergebnisse und Diskussion

Die Analyse der FTIR-Spektren liefert qualitative Informationen über die enthaltenen Lösungsmittelreste (breite Absorptionsbande der OH-Gruppen im Bereich von 3400 cm^{-1}) sowie organische Stabilisierungsliganden der molekularen Zirkoniumdioxid-Vorstufen (C=O-Schwingung bei 1518 cm^{-1} und 1582 cm^{-1}) [64].

Da die Schichten sich auf nicht transparenten, aber im IR/NIR-Bereich gut reflektierenden Stahlsubstraten befinden, wird die FTIR-Analyse in der Reflexionsanordnung durchgeführt. Die Schichten transmittieren den Großteil der Messstrahlung, welche von dem Substrat reflektiert und erneut von der Schicht transmittiert wird. Aufgrund der geringen Schichtdicke und der Tatsache, dass nur ein Teil der Messstrahlung von dem Substrat reflektiert wird und für die Messung zur Verfügung steht, sind die Absorptionsbanden in den gemessenen Spektren vergleichsweise gering ausgeprägt.

Die FTIR-Spektren der laserbehandelten Proben werden in Abhängigkeit der eingesetzten Laserleistung bei Einsatz einer quasilinienförmigen Scanstrategie (, d.h. Einsatz einer hohen Scangeschwindigkeit in Verbindung mit kleinem Spurversatz) untersucht. (Tabelle 24).

[8] FTIR – Fourier-Transformations-Infrarot-Reflektometrie

Tabelle 24

Konstante Verfahrens-parameter

Parameter	Einstellung
Diodenlasermodul	cw
Strahldurchmesser d_S	0,34 mm
Wellenlänge λ	980 nm
Scangeschwindigkeit v_{scan}	2000 mm/s
Spurversatz d_y	0,06 mm

Die Parameterkombination wurde im Rahmen einer Voruntersuchung ermittelt. Ausgangspunkt für die Bewertung des Trocknungszustands in Abhängigkeit der sukzessive erhöhten Laserleistung ist das FTIR-Spektrum einer ungetrockneten Schicht, die im Transmissionsspektrum drei charakteristische Absorptionsbanden bei den Wellenzahlen ca. 3400 cm^{-1}, 1580 cm^{-1} und 1520 cm^{-1} aufweist (Bild 5-1).

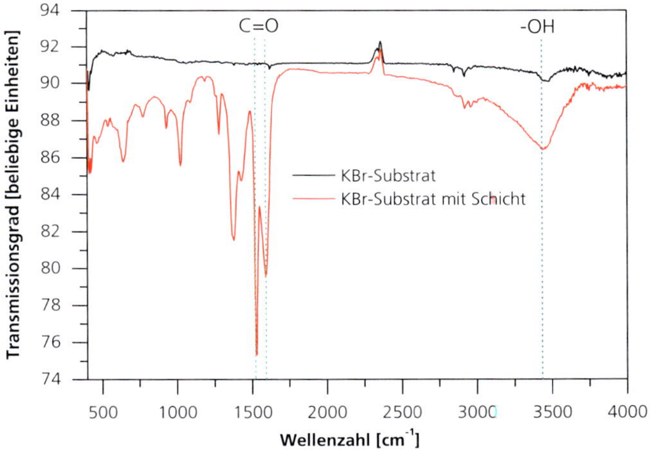

Bild 5-1

FTIR-Spektrum einer ungetrockneten Schicht auf einem KBr[9]-Substrat (OH-Schwingung: um 3400 cm^{-1}, C=0-Schwingung bei ca. 1520 cm^{-1} und 1580 cm^{-1})

Die Absorptionsbanden bei den markierten Wellenzahlen können den in Tabelle 25 aufgeführten funktionellen Gruppen zugeordnet werden.

[9] KBr – Kaliumbromid, Kaliumsalz mit hohem Transmissionsgrad in dem betrachteten Spektralbereich

Tabelle 25

Zuordnung der Absorptionsbanden zu den Schichtbestandteilen

Wellenzahl	Funktionelle Gruppe	Schichtbestandteil
Um 3400 cm^{-1}	Hydroxylgruppen -OH	Lösungsmittel
Ca. 1518	Carbonylgruppe C=O	Stabilisierungsliganden/un-vernetzte Vorstufen
Ca. 1580	Carbonylgruppe C=O	Stabilisierungsliganden/un-vernetzte Vorstufen

Für die Bewertung des Trocknungszustands der laserbehandelten Schichten auf den Stahlsubstraten müssen Reflexionsspektren betrachtet werden (keine Transmission durch das Stahlsubstrat). Die Absorptionsbanden des im ungetrockneten Zustand in der Schicht befindlichen Lösungsmittels sind in den Reflexionsspektren nur sehr schwach erkennbar. Aus diesem Grund werden die Absorptionsbanden der C=0-Schwingungen bei 1518 bzw. 1582 cm-1 betrachtet (Bild 5-2).

Bild 5-2

FTIR-Reflexionsspektren der Versuchsreihe mit v_{Scan} = 2000 mm/s. Deutlich erkennbar ist eine signifikante Abnahme der Absorptionsbanden nach der Laser-behandlung mit $P_L > 50$ W

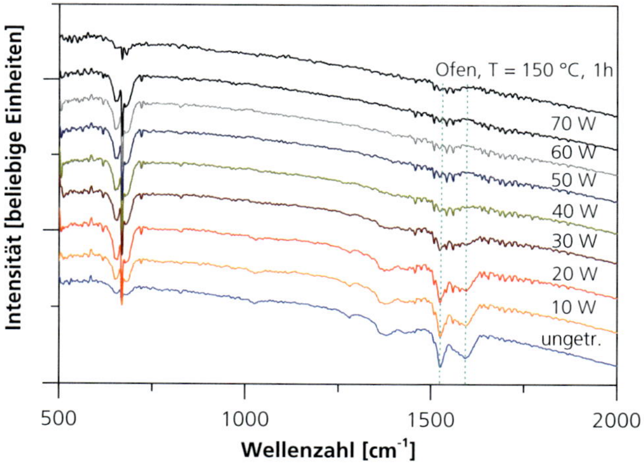

Der Vergleich des FTIR-Spektrums der ofengetrockneten Schichten mit dem Spektrum ungetrockneter Schichten zeigt, dass diese Banden während des Trocknungsprozesses signifikant reduziert werden, jedoch auch nach der Ofentrocknung noch schwach nachweisbar sind (Bild 5-2). Demnach findet während der Trocknung im Ofen neben der Verdampfung der Lösungsmittelreste eine weit fortgeschrittene Vernetzung der molekularen Vorstufen durch Kondensationsreaktionen (vgl. Kapitel 2.2) statt. Da die Absorptionsbanden der Stabilisierungsliganden in den Spektren ofengetrockneter Schichten noch deutlich erkennbar sind, findet im Rahmen der Ofentrocknung jedoch keine vollständige Vernetzung statt.

Durch die Laserbehandlung wird ebenfalls eine Reduktion der C=O Absorptionsbanden erzielt. Die Bande nimmt mit steigender Laserleistung ab und erreicht bei P_L = 50 W das Niveau der ofengetrockneten Schicht (Bild 5-2).

Die Schichtdicke nimmt durch die Laserbehandlung ausgehend von ca. 170 nm mit steigender Leistung ab (Bild 5-3).

Bild 5-3

Mittels Weißlichtinterferometer gemessene Schichtdicke der lasergetrockneten Schichten in Abhängigkeit der Laserleistung

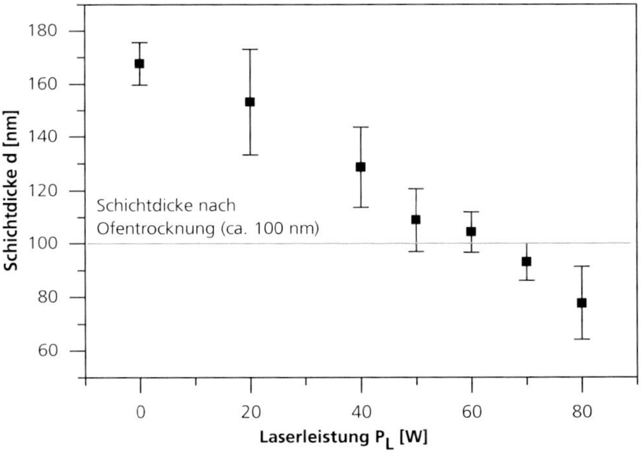

Bei P_L = 50 - 60 W stimmt die erzielte Schichtdicke im Rahmen der Messgenauigkeit mit der Schichtdicke einer ofengetrockneten Schicht von ca. 100 nm überein. Die für höhere Laserleistungen weiter fortschreitende Schichtdickenreduktion auf < 90 nm für P_L = 80 W deutet in Verbindung mit der fortgeschrittenen Reduktion der C=O Absorptionsbanden auf eine über den ofengetrockneten Zustand hinausgehende Vernetzung innerhalb der Schicht hin.

Die Oberflächenrauheit laserbehandelter Schichten bleibt für Laserleistungen $P_L \leq$ 100 W im Rahmen der Messgenauigkeit konstant auf dem Wert einer unbehandelten Schicht von $R_a \approx$ 10 nm (Bild 5-4).

Bild 5-4

Mittels Weißlichtinterferometer gemessene Oberflächenrauheit der lasergetrockneten Schichten in Abhängigkeit der Laserleistung

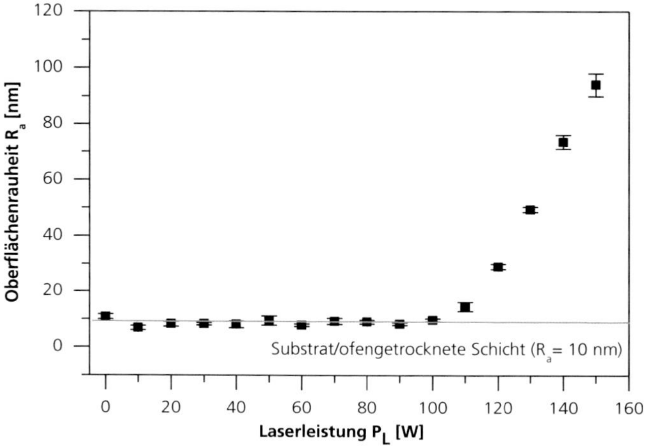

Für $P_L > 100$ W nimmt die Rauheit mit steigender Leistung zu und erreicht bei $P_L = 150$ W Werte von $R_a > 90$ nm. Der Anstieg der Oberflächenrauheit bei Leistungen $P_L > 100$ W weist darauf hin, dass in diesem Fall bereits über die Schichttrocknung hinausgehende Veränderungen bewirkt werden.

Röntgenbeugungsmessungen zeigen in dem Bereich $P_L < 90$ W keine eindeutigen Hinweise auf Kristallisationsvorgänge in der Schicht. Bei $P_L = 90$ W wird erstmals ein geringer Ausschlag des $ZRO_2(111)_t$-Peaks bei $2\Theta = 30{,}19$ ° gemessen, der mit höherer Leistung intensiver wird (Bild 5-5).

Bild 5-5

Röntgenbeugungs-spektren der laserbehandelten Schichten

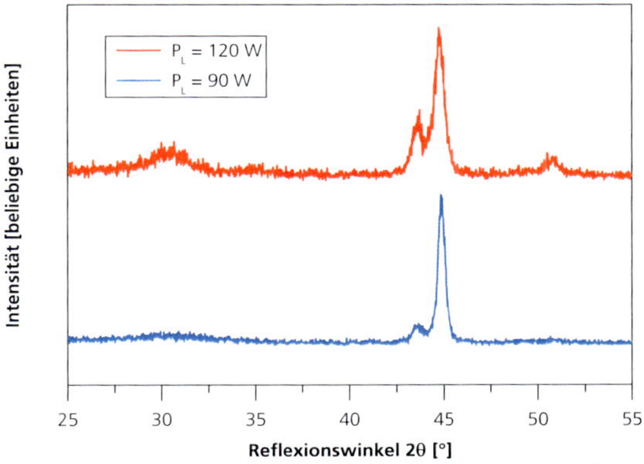

Weiterhin entsteht bei der Laserbehandlung mit P_L = 120 W der Peak bei 2Θ = 50,418 °. Die ofengetrockneten Schichten weisen neben dem auf das Stahlsubstrat zurückzuführenden Peak dagegen keine weiteren Peaks auf (vgl. Bild 4-14 in Kapitel 4.3).

Gemäß den FEM-Berechnungen wird in dem Fall der Laserbehandlung mit P_L = 90 W eine Maximaltemperatur von T_{max} = 750 °C erreicht. Die Erhöhung der Laserleistung auf P_L = 120 W bewirkt einen Anstieg der erzielten Maximaltemperatur auf $T_{max} \approx$ 1000 °C. Diese Simulationsergebnisse sind im Rahmen der Genauigkeit in guter Übereinstimmung mit den Untersuchungen von Uhlmann et al., denen zufolge Schichten aus dem Basissystem des verwendeten Beschichtungsmaterials (ohne Absorberadditiv) im Ofen bei Temperaturen von T = 800 °C (Haltezeit: 15 Minuten) kristallisiert werden konnten (vgl. Bild 2-7, Kapitel 2.5). In dem hier untersuchten Fall der Laserbehandlung mit P_L = 120 W beträgt die simulierte Temperaturhaltezeit für T ≥ 800 °C in der Schicht ca. 70 µs und ist demnach um Größenordnungen kürzer als die von Uhlmann et al. eingesetzte Haltezeit im Ofen.

Aus diesen Ergebnissen folgt, dass mit den in Tabelle 24 aufgelisteten konstanten Verfahrensparametern und P_L > 90 W bereits weitergehende Veränderungen der Schichtstruktur bewirkt werden als im Rahmen des Referenztrocknungsprozesses im Ofen. Damit wird offensichtlich, dass es sich bei den mit der Trocknung bzw. der Funktionalisierung assozierten Veränderungen in der Schicht nicht um strikt zeitlich aufeinanderfolgende Prozesse handelt. Die jeweiligen Minimalbedingungen vorausgesetzt (z.B.: T ≥ 800°C für die Kristallisierung), können diese Prozesse parallel stattfinden. Diese Tatsache kann einer vorteilhaften Ausgestaltung des laserbasierten Inline-

Beschichtungsverfahrens beispielsweise in Form einer einstufigen Laserbehandlung dienen.

Mit Blick auf die geringe Temperaturstabilität der vergüteten Stahlsubstrate muss jedoch neben den Veränderungen der Beschichtung der Einfluss auf das Substrat betrachtet werden. Für den Fall der Laserbehandlung mit einer Leistung von $P_L = 90$ W liegt eine Eindringtiefe der Temperaturen $T \geq 150$ °C von ca. 90 µm und einer maximalen Temperaturhaltezeit von 650 µs an der Probenoberfläche vor. Bei Reduzierung der Laserleistung auf $P_L = 50$ W kann die Haltezeit der $T \geq 150$ °C auf ca. 400 µs und die Maximaltemperatur auf $T_{max} \approx 400$ °C reduziert werden (Bild 5-6).

Bild 5-6

FEM-berechnete Temperaturhaltezeiten von Temperaturen ≥ 150 °C als Funktion der Entfernung von der Probenoberfläche in z-Richtung für $P_L = 50$ und 90 W

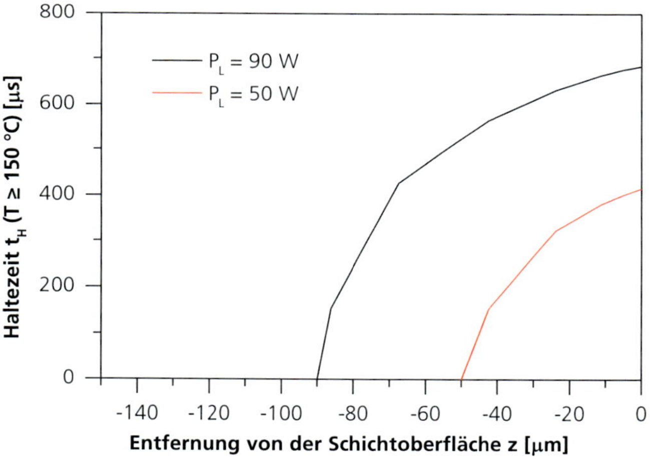

Daraus folgt gemäß einer zu Gleichung 4.5 analogen Berechnung eine akkumulierte Haltezeit t_H ($T \geq 150$ °C) $\approx 2{,}3$ ms für $P_L = 50$ W. Auf den laserbehandelten Oberflächen durchgeführte Nanoindentationsmessungen (nur qualitative Aussagen, da Schichtsystem bestehend aus Beschichtung und Substrat gemessen wird) zeigen einen signifikanten Härteabfall nach einer Laserbehandlung mit $P_L > 50$ W, während die Härte bei $P_L = 50$ W auf dem Niveau einer unbehandelten Probe bleibt (nicht gezeigt). Auch optisch lassen sich im Rahmen einer Gefügeanalyse für den Fall der Laserbehandlung mit $P_L = 50$ W keine negativen Veränderungen des Stahlsubstratgefüges feststellen (Bild 5-7).

Bild 5-7

Gefügeanalyse (REM) einer Probe im Querschnitt nach der Laserbehandlung mit P_L = 50 W

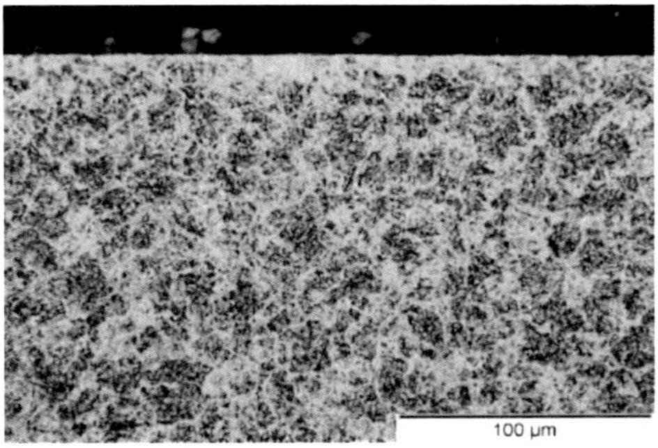

Abgesehen von den Kanteneffekten an der oberen Kante des Querschliffs, die auf die Probenpräparation zurückgeführt werden können, sind in Oberflächennähe keine Gefügeänderungen festzustellen. Aus dem Abgleich dieser Ergebnisse mit den FEM-berechneten Haltezeiten wird die Erkenntnis gewonnen, dass Laserbehandlungen mit $T_{max} \approx 400$ °C und Temperaturhaltezeiten von ≤ 400 µs (T ≥ 150 °C) keinen negativen Einfluss auf das Stahlgefüge haben. Dies ist in guter Übereinstimmung mit dem Ergebnis der Einzelspurversuche zur Verifikation des verwendeten Wärmeleitungsmodells in Kapitel 3.3.

Sowohl gemäß der FTIR-Analyse als auch der Schichtdickenmessung ist der Trocknungszustand der Schichten nach der Laserbehandlung mit P_L = 50 W bereits mit dem Zustand einer ofengetrockneten Probe vergleichbar (Bild 5-2 und Bild 5-3). Die Analyse der Schichtquerschnitte gibt jedoch aufgrund der schwächer erkennbaren Strukturen einen Hinweis auf eine geringere Netzwerkausbildung im Fall der lasergetrockneten Schichten (Bild 5-8).

Bild 5-8

TEM Aufnahmen des Schichtquerschnitts (A: Schicht, B: Substrat) nach Ofentrocknung (links) und Laserbehandlung mit P_L = 50 W (rechts)

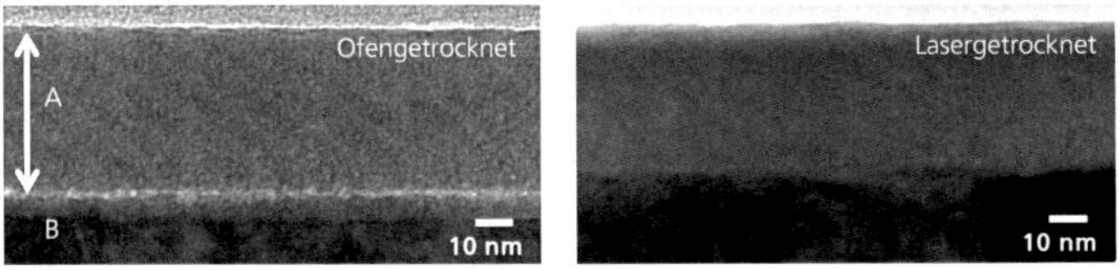

Diese wird anhand einer Nanoindentationsanalyse an 4-Schichtstapeln bestätigt. Sowohl die Härte als auch der Elastizitätsmodul (E-Modul) der Schichtstapel, deren Schichten ofengetrocknet wurden, ist etwa um den Faktor 3 größer als die entsprechenden Werte des lasergetrockneten Schichtstapels (Bild 5-9 und Bild 5-10).

Bild 5-9

Mittels Nanoindentation gemessene Vickershärte lasergetrockneter und ofengetrockneter 4-Schichtstapel

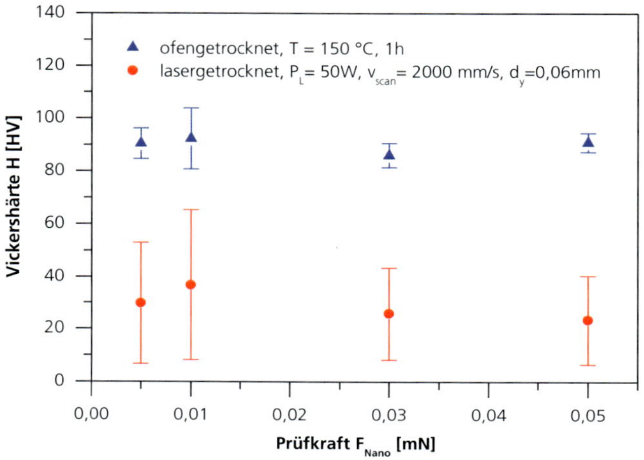

Bild 5-10

Mittels Nanoindentation gemessener Elastizitätsmodul der ofen- und lasergetrockneten 4-Schichtstapel

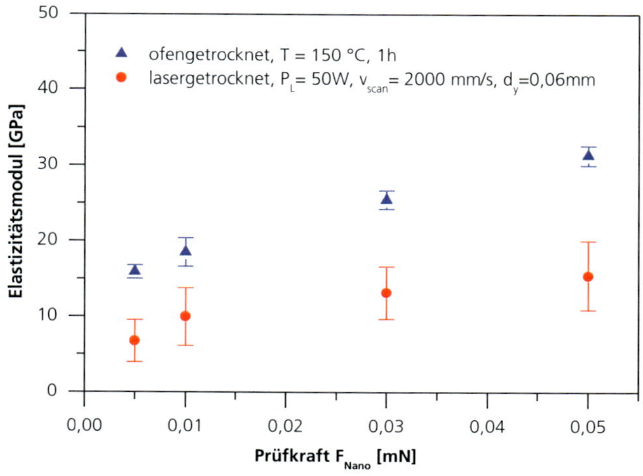

In zukünftigen Untersuchungen muss geklärt werden, ob die geringere Härte im Fall der Lasertrocknung einen Einfluss auf die finale Schichthärte nach der Funktionalisierung hat.

5.3 Schritt 1: Druckverfahren

5.3.1 Vorgehensweise

Durch die Beschichtung aus der flüssigen Phase des Sol-Gel-Materials bieten sich neben konventionellen Depositionsverfahren wie dem Rotationsbeschichtungsverfahren insbesondere Druckverfahren an. Diese sind aufgrund ihrer Inline-Fähigkeit prädestiniert und ermöglichen darüber hinaus die lokal begrenzte Beschichtung mechanisch hoch belasteter Stellen auf verschiedenen Bauteilgeometrien.

Im Rahmen der vorliegenden Arbeit wird das sogenannte PipeJet-Dosierverfahren als Depositionsverfahren für das verwendete Sol-Gel-Beschichtungsmaterial untersucht. Dieses bietet aufgrund der Auslegung für größere Tropfenvolumina im Nanoliter Bereich gegenüber den Inkjet-Druckverfahren den Vorteil einer größeren Flexibilität hinsichtlich der Beschaffenheit des Beschichtungsmaterials (insbesondere in Hinsicht auf Feststoffgehalte). Im weiteren Verlauf werden die Begriffe Dosierung und Druck synonym verwendet.

5.3.2 Anlagentechnik und Bearbeitungsstrategie

Bei der verwendeten Pipejet-Dosieranlage der Firma Biofluidix handelt es sich um den BioSpot 600. Dieser ist mit einem Drei-Achs-System sowie 9 Dosierköpfen ausgestattet (Bild 5-11, Dosierprinzip: vgl. Kapitel 7.1).

Bild 5-11

Biospot 600 der Fima Biofluidix

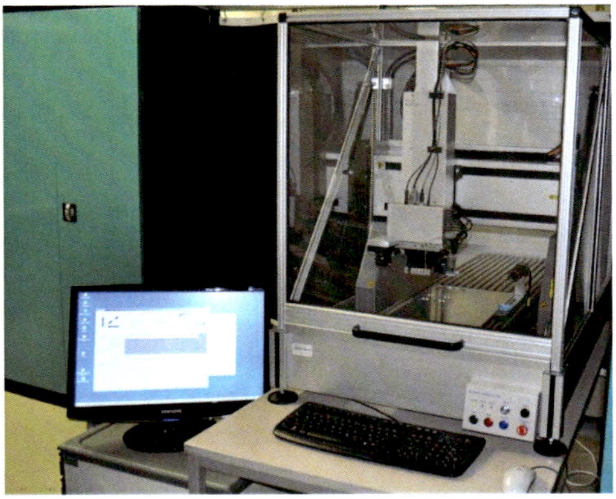

Aus dem Dosierprinzip ergeben sich die in Tabelle 26 aufgelisteten Dosierparameter.

Tabelle 26

Dosierparameter mit großem Einfluss auf das Dosierergebnis

Parameter	Definition	Wertebereich
Stößelhub l_{SL}	Hub des Keramikstößels, im folgenden Hub	5 – 35 µm
Hubgeschwindigkeit v_{DS}	Hubgeschwindigkeit des Stößels	40 – 230 µm/ms
Haltezeit t_{hold}	Verweildauer des Stößels	10 µs
Einfahrgeschwindigkeit v_{US}	Einfahrgeschwindigkeit des Stößels	0,5 µm/ms
Abstand	Abstand zwischen der Dosierspitzenöffnung und der Probenoberfläche	≈ 2 mm

Über den Stößelhub l_{SL} wird das von dem Stößel verdrängte Volumen variiert. Dabei wird die Dynamik des Dosierprozesses über die Hubgeschwindigkeit der Stößelbewegung v_{DS} gesteuert (vgl. Kapitel 7.1). Die beiden übrigen Parameter Haltezeit t_{hold} und Einfahrgeschwindigkeit v_{US} haben bei der Erzeugung von Einzelpunkten keinen Einfluss auf das Beschichtungsergebnis und werden daher im Rahmen der folgenden Untersuchung konstant gelassen. Der Abstand zwischen Druckspitze und zu beschichtender Oberfläche wird ebenfalls auf den konstanten Wert von ca. 1 mm gestellt. Bei Über- oder Unterschreitung dieses Werts um mehr als 0,5 mm werden die Tropfen nicht mehr sauber an der definierten Position deponiert.

Die in Abhängigkeit von l_{SL} und v_{DS} erzeugten Punktgrößen werden durch Auswertung fotografischer Aufnahmen mit der kommerziell erhältlichen Software Analysis der Firma Olympus Soft Imaging Solutions GmbH bestimmt (Bild 5-12).

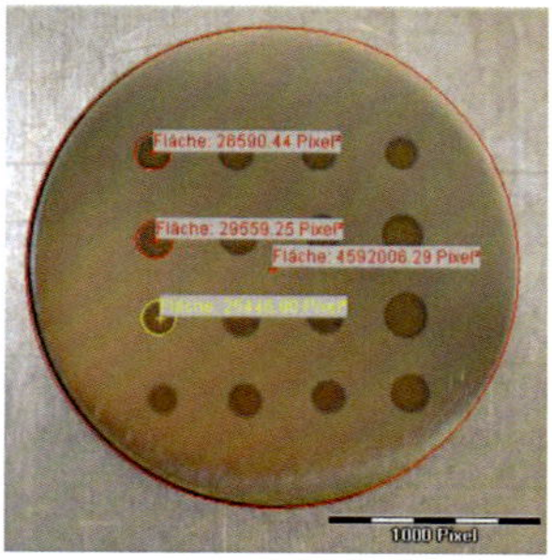

Bild 5-12

Bestimmung der Punktgrößen anhand einer Makroaufnahme der bedruckten Probe mit der Software Analysis (Als Referenz dient der Probendurchmesser von 31 mm)

5.3.3 Ergebnisse

Ziel der folgenden Untersuchung ist die Identifikation geeigneter Dosierparameter für die Erzeugung lokal begrenzter, selektiv deponierter Verschleißschutzschichten. Zu diesem Zweck muss neben dem Einfluss der Dosierparameter der Effekt weiterer Verfahrensbedingungen wie der Verdünnung des Beschichtungsmaterials und des Dampfdrucks der unmittelbar umgebenden Atmosphäre während der Deposition untersucht werden. Zentrale Herausforderung ist dabei die Erzielung einer homogenen Beschichtungsqualität.

Voruntersuchungen haben ergeben, dass sich bei erhöhtem Umgebungsdampfdruck eine homogenere Beschichtung einstellt [99]. Dies ist auf die in diesem Fall reduzierte Verdunstungsrate V_e' der Lösungsmittel zurückzuführen (Gleichung 5.1) [100].

5.1 $$V_e' = k \cdot (p_V - p_A)$$

mit

k Proportionalitätskonstante

p_V Damfdruck in der deponierten Flüssigkeit

p_A Dampfdruck der Umgebung

Im Rahmen der durchgeführten Druckversuche wird daher eine Probenaufnahme mit Verdunstungsbarriere verwendet (Bild 5-13).

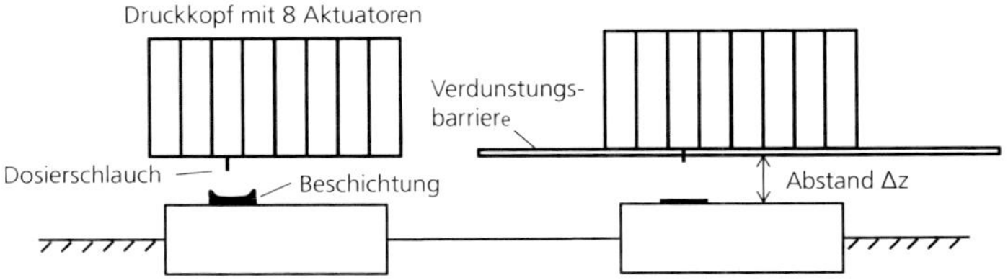

Bild 5-13

Schematische Darstellung der Druckanordnung ohne (links) und mit Verdunstungs-barriere (rechts)

Durch die auf diesem Weg reduzierte und homogenisierte Verdampfungsrate entlang der Beschichtungsoberfläche wird der Materialtransport durch Strömungen in dem Tropfen gehemmt und damit die Ausprägung des Kaffeeringeffekts [101] signifikant reduziert. Aufgrund der langsameren Verdampfung der enthaltenen Lösungsmittel vergrößert sich gleichzeitig der finale Punktdurchmesser bei gleichen Dosierparametern. Über eine Variation des Abstands Δz zwischen Barriere und Probenoberfläche lässt sich bei konstanten Dosierparametern die erzeugte Punktgröße nach vollständiger Trocknung einstellen. Dieser Abstand wird im Rahmen der Versuche auf einen konstanten Wert $\Delta z \approx 1\,\mathrm{mm}$ eingestellt.

Das Basissol2R ist aufgrund eines stark ausgeprägten Kaffeeringeffekts und damit einhergehender Inhomogenität der Schichtdicke nicht gut verdruckbar. In vorangegangenen Voruntersuchungen mit dem Ziel der Erzeugung flächiger Beschichtungen [99] wurde der Feststoffanteil durch schrittweise Zugabe von Methoxybutanol und Wasser reduziert, bis mit einem Anteil von 10 Vol.-% Methoxybutanol sowie einer Zugabe von 6 Vol.-% Wasser (deionisiert) homogene Schichten gedruckt werden konnten. Analog zu dieser Vorgehensweise wird das unverdünnte Basissol2R mit Methoxybutanol und Wasser verdünnt, bis Einzeltropfen mit homogener Schichtdicke im Zentrum gedruckt werden können (Tabelle 27).

Tabelle 27

Untersuchte Modifikationen des Beschichtungs-materials

Beschichtungsmaterial	Beschreibung
Basissol2R	Unverdünnt
Basissol2RA	Zugabe von 10 Vol.-% Methoxybutanol und Zugabe von 6 Vol.-% Wasser

Die Verdünnung führt im Vergleich zu dem unverdünnten Beschichtungsmaterial zu etwa 1 – 2 mm größeren Punktdurchmessern. In einer Voruntersuchung wird festgestellt, dass die dosierten Punktdurchmesser in erster Linie durch den Stößelhub l_{SL} und die Hubgeschwindigkeit des Stößels v_{DS} beeinflusst werden. In Abhängigkeit dieser beiden Parameter liegen die mit dem Basissol2RA erzeugten Punktdurchmesser im Bereich 2 - 9 mm (Bild 5-14).

Bild 5-14

Durchmesser der erzeugten Punkte bei konstanter Strokelength für die verdünnte Beschichtungs-mischung BasisSolR2A

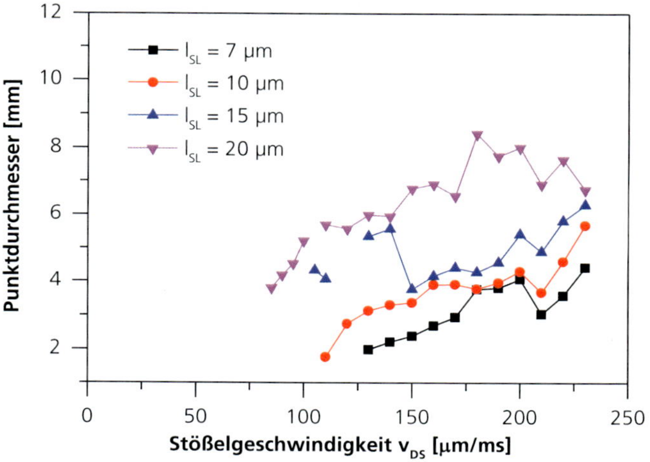

Aufgrund des geringeren Feststoffgehalts der verwendeten Beschichtungsmischung beträgt die Schichtdicke eines Einzeltropfens nach der erfolgter Trocknung und Funktionalisierung dabei ca. 40 – 50 nm. Weiterhin zeigt diese Versuchsreihe, dass die erzeugte Punktgröße mit der Hubgeschwindigkeit v_{DS} ansteigt. Jedoch führt der Einsatz von v_{DS} > 150 µm/ms aufgrund der hohen Dynamik des Dosierprozesses zur Bildung von Satellitentropfen. Ein geringer Wert der Hubgeschwindigkeit führt dagegen zu geringen Ablösewahrscheinlichkeiten. Für das verwendete Beschichtungsmaterial stellt v_{DS} = 110 µm/mm in Kombination mit l_{SL} = 20 µm eine vergleichsweise stabile Kombination dar. Jedoch kann kein Zusammenhang zwischen den eingesetzten Dosierparametern und dem absoluten Durchmesser der erzeugten Punkte hergestellt werden. Die Häufigkeitsverteilungen der Punktgrößen unterliegen selbst bei konstanten Dosierparametern einer großen Streuung (Breite der Verteilung ca. 2mm). Ein Zusammenhang mit der Umgebungstemperatur kann nicht festgestellt werden.

Durch die mehrfache Bedruckung einer Stelle der Probenoberfläche werden punktförmige Mehrschichtsysteme mit Schichtdicken von ca. 300 nm erstellt (8 Bedruckungen). Diese weisen nach der Laserbehandlung mit Werten von ca. 1000 HV Härten von kristallisierten Mehrschichtstapeln auf. Dabei erfordert die lokale Begrenzung der mit dem Dosierverfahren deponierten Tropfen die Anpassung der Scanstrategie. Zur Behandlung flächig beschichteter Proben wird der Laserstrahl entlang einer mäanderförmigen Spur mit rechteckförmiger Außenkontur geführt (Bild 5-15, links).

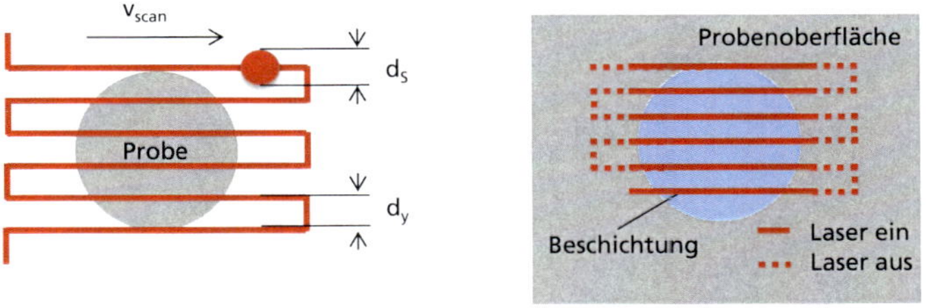

Bild 5-15

Schematische Darstellung des Sky-Writing-Verfahrens (rechts) im Vergleich zu der bisher eingesetzten flächigen Bearbeitungs-strategie

Die Umkehrpunkte der Scanvektoren liegen dabei außerhalb der zu bearbeitenden Probenoberfläche, um Temperaturanstiege aufgrund von Beschleunigungs- und Bremsstrecken des Galvoscanners zu vermeiden. Im Fall der lokal begrenzten Beschichtung ist dies aufgrund der Gefahr von Anlasseffekten an den Umkehrpunkten des Mäanders nicht möglich. Daher wird die Ansteuerung so realisiert, dass der Laser während der Beschleunigungs- und Bremsstrecken des Galvoscanners ausgeschaltet wird (Bild 5-15, rechts). Durch die somit ungebremste Bewegung des Laserstrahls auf der unbeschichteten Probenoberfläche können Anlasseffekte in diesem Bereich reduziert werden. Eine vollständige Vermeidung der Laserbehandlung unbeschichteter Oberflächen kann durch die exakte Anpassung der aktiven Scanstrecken an die Tropfengeometrie erfolgen. Zu diesem Zweck muss das Laserverfahren in weiterführenden Untersuchungen mit einem optischen Erkennungssystem für die Kontur der aufgedruckten Flächen kombiniert werden.

6 Zusammenfassung und Ausblick

Im Rahmen der vorliegenden Arbeit wird ein laserbasiertes Inline-Beschichtungsverfahren für die Herstellung nanokeramischer Verschleißschutzschichten auf temperaturempfindlichen Substraten entwickelt. Das Verfahrenskonzept basiert auf dem Einsatz laserbasierter Temperaturbehandlungen zur Funktionalisierung von mittels Sol-Gel-Verfahren deponierten ZrO_2-basierten Schichten. Als konkreter Anwendungsfall wird die mechanisch hoch belastete Oberfläche von Komponenten aus vergütetem 100 Cr 6 Stahl betrachtet. Neben den prinzipbedingten Kostenvorteilen gegenüber teuren Vakuumbeschichtungsverfahren bietet das Verfahren gemäß den im Rahmen der Arbeit gewonnenen Erkenntnissen überdies funktionale Vorteile durch die Möglichkeit gezielt eingestellter Schichtstrukturgradienten.

Durch die Laserbehandlung der deponierten Schichten mit gepulster Diodenlaserstrahlung und einer Wellenlänge von λ = 980 nm gelingt die Erzeugung von abriebfesten ZrO_2-Schichten mit Härten von ca. 1090 HV0,1 mN mit einer Oberflächenrauheit von $R_a \approx$ 80 nm. Im Vergleich zu der Härte unbehandelter Schichten stellt dies eine Steigerung um mehr als den Faktor 10 dar. Dies resultiert im Vergleich zur Grundhärte des beschichteten 100 Cr 6 Stahls in einer Steigerung der Oberflächenhärte um ca. 200 HV.

Die Steigerung der Schichthärte und Abriebfestigkeit ist auf eine durch die Laserbehandlung erzielte Verdichtung und Kristallisierung der Schichten zurückzuführen. Aus Voruntersuchungen ist die im Rahmen von Langzeit-Temperaturbehandlungen im Ofen (Haltezeit 15 Minuten) erforderliche Kristallisierungstemperatur des Beschichtungsmaterials von 800 °C bekannt. Im Rahmen der laserbasierten Kurzzeit-Temperaturbehandlungen wird eine Kristallisierung mit Kristallitgrößen im Bereich 15 – 30 nm erreicht. Dabei liegen die Maximaltemperaturen der laserinduzierten Temperaturverteilungen im Bereich 1600 –1750 °C. Die akkumulierten Haltezeiten der Temperaturen ≥ 800 °C betragen ca. 1560 µs, was im Vergleich zu den konventionell funktionalisierten Schichten einer signifikante Reduzierung der erforderlichen Temperaturhaltezeit entspricht. Die laserbehandelten Einzelschichten weisen Schichtdicken von ≤ 70 nm auf. Bei der Kristallisierung der Einzelschichten werden mit einer mittleren Leistung von ca. 45 W maximale Flächenraten von 0,5 cm²/s erzielt. Durch Erhöhung der Pulsrepetitionsfrequenz um den Faktor 3 sowie die Anpassung der übrigen Verfahrensparameter wird die Aufskalierbarkeit der Flächenrate demonstriert. Bei vergleichbarem Röntgenbeugungsresultat wird die Flächenrate dabei um ca. 60 % erhöht. Durch Entwicklung einer Systematik zur Erstellung von Mehrschichtstapeln werden schließlich Schichtdicken von ca. 160 nm erzeugt.

Den Kern der Arbeit stellt die Untersuchung des Zusammenhangs zwischen den erzielten Schichtstrukturänderungen und den laserinduzierten Temperaturverteilungen dar. Zu diesem Zweck wird eine simulationsgestützte Vorgehensweise zur Ermittlung experimentell nicht zugänglicher Prozessgrößen wie der Temperatureindringtiefe und der Temperaturhaltezeit auf Basis der Finite-Elemente-Methode etabliert. Dazu werden die optischen Eigenschaften sowie das Temperaturverhalten der beteiligten Substrat- und Beschichtungsmaterialien im Rahmen von laserbasierten Kurzzeit-Temperaturbehandlungen untersucht. Auf Basis der ermittelten optischen Eindringtiefen der Laserstrahlung (ca. 5 µm in den unbehandelten Schichten sowie ca. 10 – 20 nm in dem Substratmaterial) wird ein Wärmeleitungsmodell für die beschichteten 100 Cr 6-Stahlsubstrate erstellt, welches anhand experimenteller Gefügeanalysen laserbehandelter 100 Cr 6 Proben verifiziert wird. Dieses Modell wird im Rahmen einer Finite-Elemente-Methode zur Berechnung der laserinduzierten Temperaturverteilungen dazu genutzt, den zielführenden Laserverfahrensparameterbereich mit Blick auf eine möglichst geringe Temperatureinflusszone im Substrat zu identifizieren. Die simulationsgestützte Vorgehensweise wird überdies im weiteren Verlauf dazu genutzt, experimentell nicht zugängliche Prozessgrößen (z.B. Temperatureindringtiefe, Temperaturhaltezeit) zu ermitteln und somit ein fundiertes Prozessverständnis zu gewinnen.

Durch Abgleich der Ergebnisse der FEM-berechneten Temperaturverteilungen mit den experimentellen Ergebnissen gelingt auf diesem Weg erstmals die Untersuchung der Schichtstrukturänderungen des ZrO_2-basierten Sol-Gel-Materials auf Zeitskalen im µs-Bereich. Demnach ist für die Erzeugung von ZrO_2-Kristallitgrößen mit Größen von ca. 15 – 30 nm bei Maximaltemperaturen im Bereich 1600 – 1750 °C eine akkumulierte Haltezeit der Temperaturen ≥ 800 °C von ca. 1560 µs erforderlich. Wird diese Haltezeit auf ¼ reduziert, liegt die gebildete Kristallitgröße bei < 5 nm. Auf diese Korrelation zwischen der Temperaturhaltezeit und der ausgebildeten Kristallitgröße ist die Ausbildung eines Kristallitgrößengradienten entlang des Querschnitts eines Mehrschichtstapels zurückzuführen. Aufgrund der höheren akkumulierten Temperaturhaltezeit der unteren Schichtlagen weisen diese ein weiter fortgeschrittenes Kristallitwachstum auf, was zu der Ausbildung eines Kristallitgrößengradienten entlang des Schichtquerschnitts führt. Die Feststellung dieses Zusammenhangs ermöglicht perspektivisch durch Anpassung der laserinduzierten Temperaturverteilungen die Erzeugung von Schichten mit gezielt einstellbaren Gradienten der Schichtstruktur.

Neben der Kristallisierung findet die Diffusion von Eisenatomen in die Schicht statt. Die experimentell ermittelte Diffusionslänge beträgt bei einer Haltedauer der Temperaturen ≥ 800 °C von ca. 1750 µs etwa 100 nm. Die auf Basis dieser Werte abgeschätzten Diffusionskonstanten liegen mit einer Größenordnung von $10^{-8}\,cm^2/s$ deutlich über den aus der Literatur bekannten Werten für die

Diffusion von Eisenatomen in Oxidkeramiken. Ursache dieser vergleichsweise hohen Diffusionsgeschwindigkeit in der Schicht ist die nanokristalline Struktur, die auf Grund der großen Zahl von Korngrenzen eine hohe Dichte von Gitterfehlstellen aufweist.

Folge der Eisen-Diffusion in die Schicht ist die Entstehung einer Kompositschichtstruktur, die aus einer nanokristallinen ZrO_2-Matrix mit eingelagerten Eisenbestandteilen besteht. Diese liegen nur zum Teil in Form von Eisenoxid vor. Aufgrund der in die Keramikmatrix eingelagerten Eisenatome weisen die laserbehandelten Schichten eine elektrische Leitfähigkeit auf. Somit verbinden die erzeugten Schichten eine hohe Verschleiß- und Temperaturbeständigkeit mit elektrischer Leitfähigkeit, wodurch ein weites Feld von Anwendungen eröffnet wird.

Abschließend werden die Einzelprozesse für die Realisierung der Prozesskette des laserbasierten Beschichtungsverfahrens untersucht. Erstmals werden dabei die Grundlagen für ein laserbasiertes Trocknungsverfahren untersucht. Während der Trocknung findet neben der Verdampfung der in den Schichten enthaltenen Lösungsmittel die Vernetzung der zuvor separat vorliegenden molekularen ZrO_2-Vorstufen statt. Durch die laserbasierte Realisierung von akkumulierten Temperaturhaltezeiten der Temperaturen $\geq$ 150 °C in der Höhe von ca. 2,3 ms bei einer Maximaltemperatur von T_{max} = 400 °C gelingt die Entfernung der unvernetzten Vorstufen auf ein dem ofengetrockneten Zustand (T = 150 °C, 1h) äquivalentes Niveau, ohne dass Anlasseffekte in dem Stahlsubstrat nachgewiesen werden können. Dies entspricht einer drastischen Verkürzung der Trocknungsdauer. Jedoch weisen die lasergetrockneten Schichten einen um den Faktor 3 geringeren Elastizitätsmodul als konventionell getrocknete Schichten auf. In weiterführenden Untersuchungen muss daher zunächst der Einfluss des vor der Funktionalisierung vorliegenden Elastizitätsmoduls auf die finale Schichthärte untersucht sowie Strahlführungskonzepte zur Realisierung längerer Temperaturhaltedauern entwickelt werden. Dies kann beispielsweise durch den Einsatz speziell angepasster Freiformoptiken erfolgen.

Die selektive Deposition lokal begrenzter Verschleißschutzschichten mit Durchmessern von ca. 5 mm wird mit dem Pipejet-Dosierverfahren realisiert. Dabei gelingt die Ausbildung einer homogenen Schichtdicke sowie die Reduzierung des so genannten Kaffeeringeffekts (Materialüberhöhungen am Rand der Beschichtung) durch Entwicklung einer Verdunstungsbarriere. Mit der in weiterführenden Untersuchungen erforderlichen Kombination mit einem optischen Erkennungssystem kann die exakte Anpassung der Laserbearbeitung an Beschichtungen mit beliebigen Konturen erfolgen.

Aufbauend auf der vorliegenden Arbeit sollten in zukünftigen Untersuchungen die gewonnenen Erkenntnisse über den Zusammenhang der laserinduzierten

Temperaturhaltezeiten und der resultierenden Kristallitgröße sowie der resultierenden Diffusionslänge der Eisenatome dazu genutzt werden, Mehrschichtsysteme mit gezielt eingestellten Kristallitgrößengradienten entlang des Schichtquerschnitts zu erzeugen. Der ebenfalls nachgewiesene Zusammenhang zwischen vorliegender Kristallitgröße und Abriebfestigkeit ermöglicht auf diesem Weg die Erstellung von Verschleißschutzschichten mit gradierten mechanischen Eigenschaften. Darüber hinaus eröffnet die Übertragung der entwickelten Systematik auf andere Materialsysteme ein großes Anwendungsfeld des entwickelten laserbasierten Inline-Beschichtungsverfahrens.

7 Anhang

7.1 Deposition von Sol-Gelen

Die folgenden Erläuterungen folgen der Darstellung in [7]:

Zur Vereinfachung der Verständlichkeit des folgenden Kapitels werden zunächst einige Begriffe erläutert, die für das Verständnis des Sol-Gel-Verfahrens essentiell sind.

Mit dem Begriff ***Kolloid*** werden Teilchen oder Tröpfchen bezeichnet, die in einem Dispersionsmedium fein verteilt sind und deren Größe so gering ist (i.d.R. 1 – 1000 nm), dass Gravitationskräfte vernachlässigt werden können. Die Wechselwirkung zwischen den Kolloiden wird durch kurzreichweitige Kräfte wie die Van-der-Waals-Kräfte dominiert [7].

Ein ***Sol*** ist eine Dispersion von Kolloiden in einer flüssigen Phase. Im Rahmen des Sol-Gel-Verfahrens handelt es sich bei den Kolloiden um molekulare Vorstufen mit Dimensionen von ≤ 10 nm.

Als ***molekulare Vorstufe oder Präkursor*** wird in der Chemie ein Molekül bezeichnet, das als Ausgangsstoff in eine Reaktion eingeht. Im Fall des Sol-Gel-Verfahrens zur Erzeugung von Keramiken handelt es sich typischerweise um Alkoxide, die sich bei Überschreitung einer gewissen Konzentration durch Kondensationsreaktionen verbinden und so eine Netzwerkstruktur ausbilden.

Metallalkoxide bestehen aus einem Metallatom und Alkoxidliganden. Bei diesen Liganden handelt es sich um deprotonierte Alkoholmoleküle.

Bei Betrachtung eines Sols spricht man von ***Gel***-Bildung, wenn die durch Kondensationsreaktionen zunehmend vernetzten Vorstufen in der flüssigen Phase des Sols eine feste Phase bilden, die sich durch das gesamte Solvolumen erstreckt.

Bei der Trocknung eines Gels entsteht im Fall von moderaten Trocknungsbedingungen ein ***Xerogel***. Dabei handelt es sich um einen porösen Festkörper mit einem Porenanteil von ca. 50 %.

Bei überkritischen Trocknungsbedingungen entsteht statt des Xerogels ein ***Aerogel***. Dabei handelt es sich um einen Festkörper, dessen Volumen zu > 99 % aus Poren besteht.

Flächige Deposition

Die Depositionsbedingungen haben maßgeblichen Einfluss auf die sich ausbildende Schichtdicke und –homogenität. Da die während der Deposition wirkenden Kräfte in hohem Maße von dem eingesetzten Depositionsverfahren abhängen, müssen die Zusammenhänge für verschiedene Verfahren separat voneinander betrachtet werden. Im Rahmen der vorliegenden Arbeit wird für grundlegende Untersuchungen das Rotationsbeschichtungsverfahren eingesetzt. Dieses kann gemäß dem von Meyerhofer aufgestellten und von Bornside erweiterten Modell [102] in die vier Phasen Aufbringung (a), spin-up (b), spin-off (c) und Verdampfung (d) unterteilt werden (Bild 7-1). Zunächst wird in Schritt 1 eine Menge des flüssigen Beschichtungsmaterials auf das zu beschichtende Substrat aufgetropft. Anschließend wird das Substrat in der spin-up Phase in Rotation versetzt, wodurch das Material entsprechend der sich einstellenden Zentrifugalkraft radial nach außen bewegt wird. In der spin-off Phase bewegt sich überschüssiges Material über den Substratrand hinaus und ist für den Beschichtungsprozess verloren. Gleichzeitig steigt durch die Reduzierung der Materialdicke und durch Zunahme der Viskosität der Fließwiderstand des aufgebrachten Beschichtungsmaterials, wodurch sich eine gleichmäßige Schichtdicke einstellt. Bei dieser Darstellung wird angenommen, dass es sich um entkoppelte Prozessschritte handelt. D.h. während der spin-off Phase (c) findet bei dieser Darstellung keine Verdampfung statt.

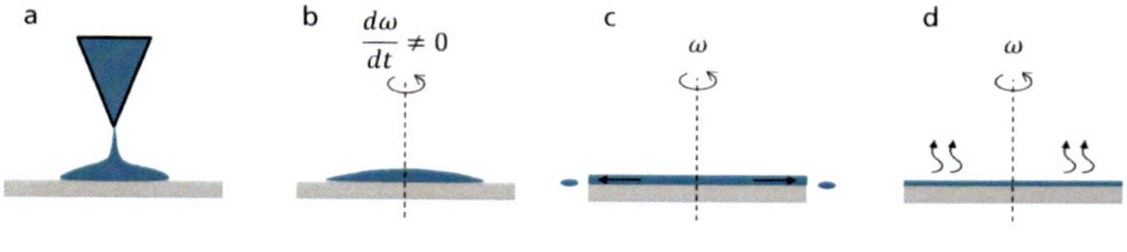

Bild 7-1

Schematische Darstellung der 4 Phasen Deposition (a), Spin-up (b), Spin-off (c) und Evaporation (d) des Rotationsbeschichtungsprozess basierend auf [102, 103]

Nach dem Modell von Meyerhofer [7, 104] kann die sich einstellende Schichtdicke h des getrockneten Films bei Annahme einer konstanten Verdampfungsrate durch

7.1 $$h = \left(1 - {}^{\rho_{\dot{A}}}/_{\rho_A}\right)\left(\frac{3\eta e}{2\rho_{\dot{A}}\omega^2}\right)^{1/3}$$

mit

ρ_A Masse der Lösungsmittel pro Volumeneinheit
$\rho_{\dot{A}}$ Ausgangswert
η Viskosität
e Verdampfungsrate
ω Rotationsgeschwindigkeit

beschrieben werden. Dieser Zusammenhang ergibt sich aus dem Gleichgewicht der nach außen wirkenden Zentrifugalkraft und der in Richtung der Drehachse gerichteten Reibungskraft.

Gemäß einer simplen Modellvorstellung ist die Verdampfungsrate e proportional zu dem Luftstrom über dem rotierenden Substrat, und dieser ist wiederum proportional zu $\omega^{1/2}$. Damit ergibt sich für die finale Schichtdicke nach der Verdampfung des Lösungsmittels der einfache Zusammenhang gemäß Gleichung 7.2 [105].

7.2 $$h \sim \omega^{-1/2}$$

Abschließend sei erwähnt, dass mittels Rotationsbeschichtungsverfahren erzeugte Gel-Schichten aufgrund der durch die Rotationsbewegung verursachten gleichmäßigen Konvektionsströmung der bereits verdampften Lösungsmittel über dem Substrat (und der damit verbundenen großen Verdampfungsrate) eine vergleichsweise homogene Schichtdicke und eine signifikant geringere Porosität als Schichten aufweisen, die beispielsweise mit dem Tauchbeschichtungsverfahren erzeugt wurden [103]. Sowohl das Rotations- als auch das Tauchbeschichtungsverfahren stellen kostengünstige Verfahren zur Erzeugung flächiger Beschichtungen dar. Sie sind aber prinzipbedingt nicht für die Erzeugung lokal begrenzter Beschichtungen geeignet.

<u>Selektive Deposition</u>

Für die selektive Deposition lokal begrenzter Beschichtungen bieten sich dagegen Druckverfahren an. Diese sind darüber hinaus gegenüber konventionellen nasschemischen Verfahren (z.B. Rotationsbeschichtungs- oder Tauchbeschichtungsverfahren) deutlich besser für die Integration des Beschichtungsverfahrens in inline Fertigungsstraßen geeignet. Ein in vielen Bereichen etabliertes Druckverfahren ist beispielsweise das Inkjet-Verfahren. Hierbei wird die in einem Tank befindliche zu verdruckende Flüssigkeit durch die Betätigung einer Piezokeramik durch eine Düse auf das zu beschichtende Substrat geschossen. Beim Austritt aus der Düse wird der Tropfen elektrostatisch aufgeladen und kann anschließend durch Anlegen einer Spannung an die unter der Düse befindliche Elektrode abgelenkt werden. Dabei werden Tropfenvolumina im Bereich 10 – 100 Pikoliter erzeugt [106]. Bei Anwendungen mit der Forderung nach hohen Flächenraten und vergleichsweise geringen Ansprüchen an die Kantenschärfe bietet sich als Alternative das Pipejet-Druckverfahren mit Tropfenvolumen im Nanoliterbereich an [107]. Die resultierende laterale Auflösung ist bei diesen Tropfenvolumen in hohem Maße von der Viskosität und der Benetzungsfähigkeit des verwendeten Beschichtungsmaterials abhängig. Bei dem PipeJet-Verfahren wird ein mittels Piezoaktuator bewegter Stößel auf einen mit der zu verdruckenden Flüssigkeit gefüllten Polymerschlauch gepresst. Bei diesem Vorgang löst sich ein Flüssigkeitstropfen, der sich auf dem zu beschichtenden Substrat absetzt (Bild 7-2).

Bild 7-2

Schematische Darstellung Funktionsprinzip Pipejet-Dispenser, Darstellung basierend auf [107]

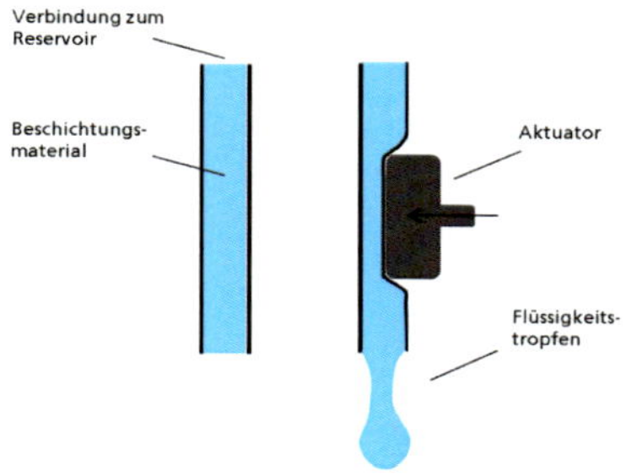

Atkinson et al. ist es gelungen, mit keramischen Pigmenten versehene Aluminiumdioxid-Sole mit Hilfe eines kommerziellen Inkjet-Druckers zu Dekorationszwecken auf keramische Substrate zu übertragen [108]. Arin et al. haben eine einzelne Domino Inkjet-Düse mit einem Durchmesser von 90 µm genutzt, um ein Sol mit Titandioxid-Vorstufen auf Glassubstrate zu übertragen [109]. Durch eine hexagonale Tropfenanordnung mit Tropfenabständen von 2-5 mm konnte eine Fläche von ca. 20 x 20 mm mit einer geschlossenen Schicht (Dicke 500 – 600 nm) beschichtet werden.

7.2 Trocknung nasschemisch aufgebrachter Sol-Gel-Schichten

Der Trocknungsprozess beginnt, wenn alle Phasen des Depositionsverfahrens abgeschlossen sind, die zu einer rein physikalischen Beeinflussung der Schicht führen (z.B. die Rotation bei der Rotationsbeschichtung). Während der Trocknung findet aber weiterhin eine signifikante Beeinflussung der Schichtstruktur und –eigenschaften statt. Gemäß Brinker [100, 110] lässt sich die Trocknung in 3 Teilphasen unterteilen. Dabei handelt es sich um die Phase der konstanten Verdampfungsrate (1), die erste Phase fallender Verdampfungsrate (2) und die 2. Phase fallender Verdampfungsrate (3).

Die erste Phase ist dadurch gekennzeichnet, dass die Verdampfungsrate konstant und nur abhängig von der Differenz des Dampfdrucks in der Schicht und der Umgebung ist (Gleichung 7.3), die bereits vernetzten Bereiche zum Großteil mit einem Flüssigkeitsfilm bedeckt sind, die Schichtoberfläche eine konstante Gleichgewichtstemperatur (wet-bulb temperature) aufweist und die Reduzierung der Schichtdicke proportional zum verdampften Lösungsmittelvolumen ist [100]. Innerhalb dieser Phase wird die Verdampfungsrate durch

7.3 $$\dot{V}_E = k(p_v - p_A)$$

mit

$\dot{V}_E$ Verdampfungsrate
p_V Dampdruck in der Schicht
p_A Umgebungsdampfdruck
k Proportionalitätskonstante

beschrieben. Dabei ist der Proportionalitätsfaktor k abhängig von den Umgebungsbedingungen während der Trocknung (z.B. Geometrie der Trocknungskammer).

Vor der Auftragung ist die Konzentration der Vorstufen in dem Sol so gering, dass keine Reaktionsprozesse ablaufen. In diesem Fall spricht man von einem stabilen Sol. Die Standzeit kann sich aber je nach Material deutlich zwischen einigen Tagen und mehreren Monaten unterscheiden. Durch die Verdampfung der Lösungsmittel während des Trocknungsprozesses nimmt die Konzentration der Vorstufen zu und damit der Abstand zwischen den einzelnen Molekülen (z.B. Vostufen wie $Zr(OR)(OH)_3$) ab, sodass Polykondensationsreaktionen ablaufen können, die zur Ausbildung von Zr-O-Zr-Bindungen zwischen den Zr-Atomen und damit schließlich zur Ausbildung einer Netzwerkstruktur führen (Bild 2-3 und Bild 2-4).

Die auf diese Weise ausgebildete Schichtmatrix kann makroskopisch als mit dem Sol gefülltes, poröses Netzwerk dargestellt werden (Bild 7-3).

Bild 7-3

Schematische Darstellung (basierend auf [100]) der Entstehung einer porösen Gel-Struktur während des Trocknungsvorgangs

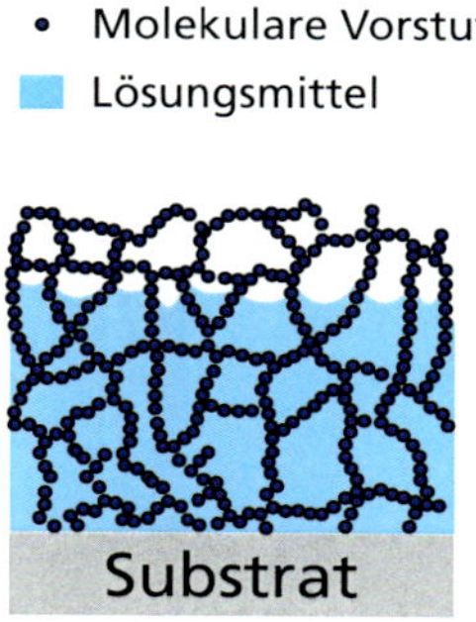

Während der Trocknung bilden sich an der Oberfläche dieses Netzwerks aufgrund der porösen Struktur gekrümmte Flüssigkeitsoberflächen aus. Der Dampfdruck dieser Oberflächen ist gemäß der so genannten Kelvin-Gleichung durch

7.4 $$p_V = p_0^{\left(-\frac{PV_m}{R_g T}\right)}$$

mit

p_0 Dampfdruck einer nicht gekrümmten Flüssigkeit
V_m Molmasse der Flüssigkeit
R_g ideale Gas Konstante
T Temperatur

gegeben [100].

Die Verdampfung der Lösungsmittel dauert an, solange $p_v > p_A$ (Umgebungsdampfdruck). Während dieses Verdampfungsprozesses wirkt bei Annahme einer gleichmäßigen Porengröße [111] auf die sich ausbildende feste Schichtmatrix die Kapillarkraft

7.5 $$P_C = -\frac{\gamma_{LV} \cos(\theta) S_P}{V_P}$$

mit

γ_{LV} Grenzflächenenergie der Grenzfläche Flüssigkeit-Gas
θ Kontaktwinkel zwischen Sol und Wand der Schichtmatrix
S_P Oberfläche der Poren
V_P Volumen der Poren.

Dadurch wird die bereits feste Matrix in das noch verbliebene Sol gezogen und somit verdichtet, bis sie mechanisch stabil genug ist, um diesen Kräften zu widerstehen.

Die Zusammenhänge können folgendermaßen erläutert werden. Jede Grenzfläche weist eine spezifische Grenzflächenenergie γ auf. In der Regel ist die Grenzflächenenergie der Flüssigkeit-Gas-Grenzfläche kleiner als die Energie der Grenzfläche Festkörper-Gas. Somit findet eine Benetzung des Festkörpers statt, da das System ein Energieminimum anstrebt. Durch die Kapillarkraft P_c wird ein Volumen ΔV in das Sol gezogen und somit benetzt. Durch die Benetzung wird die Grenzflächenenergie des Systems um einen Wert reduziert, der der für diesen Prozess aufzubringenden Arbeit $P_c \cdot \Delta V$ entspricht (Gleichung **7.6**) [111].

7.6 $$P_C \cdot \Delta V = (\gamma_{SV} - \gamma_{SL}) \cdot \frac{S_P}{V_P}$$

mit

γ_{SV} Grenzflächenenergie der Grenzfläche Festkörper-Gas

γ_{SL} Grenzflächenenergie der Grenzfläche Festkörper-Flüssigkeit

Die ablaufenden Kondensationsreaktionen tragen während dieses Prozesses zur Steigerung der Stabilität der Schichtmatrix und damit zur Erhöhung der aufzubringenden Arbeit $P_c \cdot \Delta V$ bei.

Aufgrund dieser Zusammenhänge wird eine höhere Schichtdichte erzielt, wenn das Verhältnis

7.7 $$Q = \frac{K'}{V_E'}$$

der Kondensationsrate K' zur Verdampfungsrate V'_E klein ist.

Da diese beiden Raten signifikant durch die Art der Deposition und die Trocknungsbedingungen beeinflusst werden, sind wesentliche Schichteigenschaften wie der Brechungsindex und der E-Modul von den Depositions- und Trocknungsparametern abhängig.

Aufgrund der während der Rotationsbeschichtung erzeugten gleichmäßigen Konvektion in der über der Schicht ausgebildeten Dampfphase, liegt bei diesem Beschichtungsverfahren im Gegensatz zu anderen Verfahren wie beispielsweise dem Tauchbeschichtungsverfahren eine große Verdampfungsrate vor, die zu vergleichsweise hohen Schichtdichten führt. Da die Größe dieser Konvektionsströmung eine Funktion der Rotationsgeschwindigkeit während des Beschichtungsprozesses ist, resultiert daraus eine Abhängigkeit der

Schichtdichte und der optischen Eigenschaften von der Rotationsgeschwindigkeit. Untersuchungen von Brinker et al. zeigen, dass die Erhöhung der Rotationsgeschwindigkeit von 1000 auf 6000 rpm zu einem Anstieg des Brechungsindex um ca. 0,14 führt (Bild 7-4, aus [103]). Die Zunahme des Brechungsindex ist dabei auf eine Abnahme der Porosität und damit höhere Dichte der Schichten zurückzuführen.

Bild 7-4

Brechungsindex als Funktion der Rotations-geschwindigkeit bei Übertragung von einem Sol mit Silikat-Vorstufen. Darstellung auf Basis von [103]

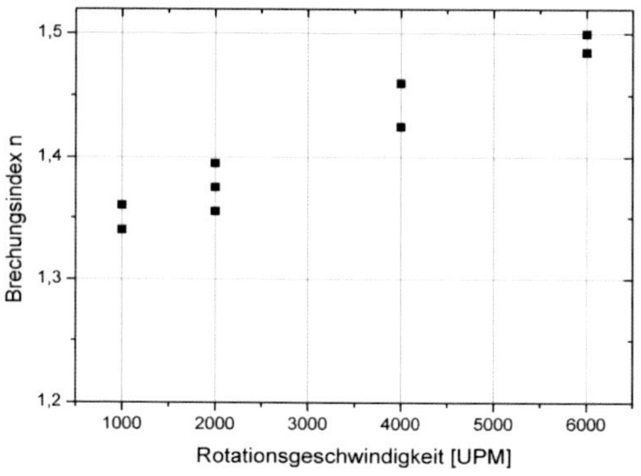

Rissbildung während der Trocknung

Während der Trocknung eins Gels auftretende Zugspannungen σ_x (Laterale Zugspannung innerhalb einer Ebene mit konstantem Abstand zur Schichtoberfläche) sind die Ursache für die Entstehung von Rissen. Wie Brinker und Scherer für Gelkörper unter der Voraussetzung einer geringen Schwankung des Drucks im bereits ausgebildeten Netzwerk zeigen, sind diese Spannungen proportional zur Höhe der Verdampfungsrate und der Dicke des Gels sowie umgekehrt proportional zur Durchlässigkeit des bereits ausgebildeten Netzwerks (Gleichung 7.8, [100]). Da die Verdampfungsrate in z-Richtung (also in der Richtung orthogonal zur Oberfläche des bereits ausgebildeten Netzwerks) nicht homogen ist, ist auch die Durchlässigkeit D des Netzwerks nicht homogen. Daraus resultiert gemäß Brinker und Scherer innerhalb der sich ausbildenden Schichtmatrix ein Kapillarkraftgradient entlang des Schichtquerschnitts, der wiederum die Ursache für die Entstehung der Zugspannung

7.8 $$\sigma_x(L) \approx \frac{L\eta_L V_E'}{3D}$$

mit

L Dicke des Gels
n_L Viskosität des noch flüssigen Sols
V_E Verdampfungsrate
D Durchlässigkeit des Gels

darstellt. Dieser Zusammenhang wird in [100] für mittels Sol-Gel-Verfahren hergestelltes Vollmaterial hergeleitet, gilt aber grundsätzlich auch für dünne Schichten. Jedoch weisen Sol-Gel-Schichten eine materialabhängige kritische Schichtdicke auf, unterhalb derer Risse nicht auftreten, da die durch die Rissentstehung frei werdende Energie geringer ist als die Energie, die aufgrund der durch den Riss vergrößerten Oberfläche aufgewendet werden muss [17, 100, 112].

Zusammenfassend zeigen diese Ergebnisse, dass im Rahmen einer mehrstufigen Temperaturbehandlung einer Sol-Gel-Schicht bereits während der Trocknungsphase die grundlegenden Voraussetzungen für die in der darauf folgenden „Funktionalisierung" zu erzielenden finalen Schichteigenschaften geschaffen werden. Bisher sind in der Literatur nur vereinzelt Veröffentlichungen zu finden, im Rahmen derer eine mehrstufige Temperaturbehandlung (z.B. separate Betrachtung von Trocknung und Sintern) von mittels Sol-Gel-Verfahren hergestellter Schichten betrachtet wird. Diese zeigen jedoch beispielsweise anhand von Blei-Zirkonat-Titanat oder Yttrium-Manganit, dass die Trocknungstemperatur einen signifikanten Einfluss auf die Art der sich nach den weiteren Temperaturbehandlungen einstellenden Kristallstruktur und damit auf die physikalischen Eigenschaften der Schichten hat [113, 114].

Im Bereich von mittels Sol-Gel-Verfahren hergestellten ZrO_2-Schichten sind wenige Untersuchungen bekannt, im Rahmen derer explizit eine mehrstufige Temperaturbehandlung untersucht wird. Grundsätzlich ist jedoch bekannt, dass zwischen über- und unterkritischer Trocknung unterschieden werden muss. Dabei bezeichnet überkritische Trocknung ein Verfahren, bei dem der Übergang von der flüssigen- in die Dampfphase durch spezielle Druck-Temperaturführung unterbunden wird. Dadurch wird die Entstehung der bei unterkritischer Trocknung der Schicht für die Entstehung der Kapillarkräfte verantwortliche Verdampfung der flüssigen Bestandteile vermieden. Stöcker et al. zeigen in [115], dass bei einer Temperatur von T = 578 K überkritisch getrocknete Gel-Schichten auf Basis eines Sols mit ZrO_2-Vorstufen ein Aerogel (Festkörper mit einem Porenanteil von > 99 % des Gesamtvolumens) mit signifikant größeren Porenradien als die an Raumtemperatur unterkritisch getrockneten Xerogele (poröser Festkörper mit einem Porenanteil von typerischerweise ca. 50 % des Gesamtvolumens) bilden. Brodsky et al. zeigen, dass mit steigender Temperatur während einer überkritischen Trocknung die Kristallisierungstemperatur sinkt [116]. Weitere Veröffentlichungen, im Rahmen derer der Einfluss der Trocknungstemperatur bei konventioneller (unterkritischer) Trocknung von ZrO_2-basierten Schichten untersucht wird, sind nicht bekannt. Insbesondere existieren keine Untersuchungen, die sich explizit mit mehrstufigen Laserverfahren zur Nachbehandlung von Sol-Gel-Schichten befassen.

7.3 Optische Eigenschaften von ZrO_2

Gemäß Heiroth et al. weist der Realteil des Brechungsindex von Yttrium-Oxid-stabilsierten Zirkoniumdioxid-Schichten (erzeugt mittels Pulsed Laser Deposition) im Spektralbereich von λ = 200 – 2000 nm Werte im Bereich n = 1,95 – 2,5 auf (Bild 7-5) [63]. Dabei liegen die Werte von amorphen Schichten jeweils geringfügig unterhalb den Werten kristalliner Schichten.

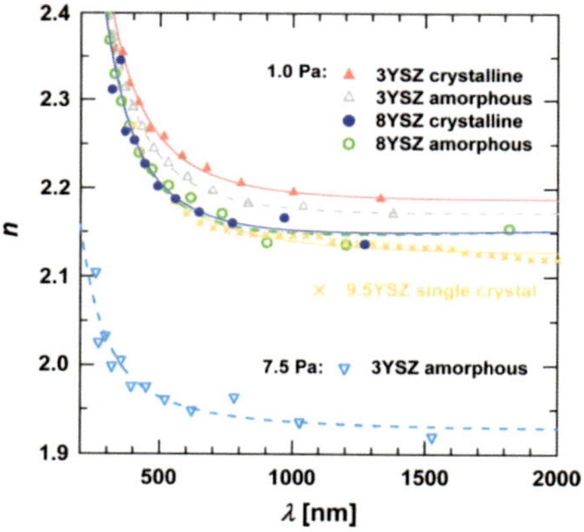

Bild 7-5

Dispersion des Realteils der Brechungsindizes amorpher und kristalliner ZrO_2-Schichten (PLD) mit 3 bzw. 8 mol.% Y_2O_3 zur Stabilisierung und 1.0 bzw. 7.5 Pa Gasdruck bei der PLD-Kammer [63]

Der Absorptionskoeffizient α ist gemäß dieser Untersuchung für Wellenlängen > 350 nm zu vernachlässigen. Im Bereich λ = 200 – 350 nm steigt er für kristallines Material von Werten um $0{,}2 \cdot 10^5$ cm^{-1} auf über $1 \cdot 10^5$ cm^{-1} an (Bild 7-6) [63]. Diese Ergebnisse wurden mit Hilfe einer quantitativen Methode anhand von Transmissionsspektren der ca. 400 -500 nm dicken Schichten auf Saphir-Substraten ermittelt.

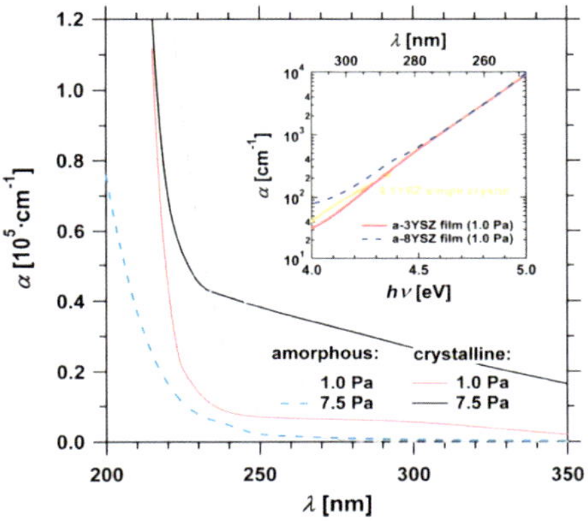

Bild 7-6

Linearer Absorptions-koeffizient α der mittels Physical Laser Deposition (PLD) hergestellten amorphen und kristallinen ZrO_2-Schichten für verschiedene mol.% Y_2O_3 zur Stabilisierung [63]

Der Absorptionskoeffizient α ist gegeben durch

7.9 $$\alpha = \frac{4\pi k}{\lambda}$$

mit

k Imaginärteil des komplexen Brechungsindex

λ Wellenlänge.

Weiterhin beträgt die von Heiroth et al. ermittelte Bandlücke der kristallinen Schichten $E_g \approx 5{,}7$ eV, während amorphe Schichten eine Bandlückenenergie von $E_g \approx 5{,}5$ eV aufweisen [63].

Die optischen Eigenschaften von Sol-Gel-Schichten erfahren wie alle Eigenschaften aufgrund der Strukturänderungen, die auf diesem Weg erzeugte Schichten während einer Temperaturbehandlung durchlaufen, signifikant größere Änderungen als die Eigenschaften physikalisch abgeschiedener Schichten. Diaz-Parralejo et al. haben Y_2O_3-stabiliserte ZrO_2-Sol-Gel-Schichten mittels Rotationsbeschichtungsverfahren auf Quartzglassubstraten erzeugt und deren Brechungsindix bei λ = 600 nm in Abhängigkeit der Temperatur ermittelt (Bild 7-7) [84]. Die Ofenbehandlung der Schichten wird jeweils in Umgebungsatmosphäre für eine Dauer von 2 Stunden durchgeführt. Die Ermittlung des Brechungsindex erfolgt mit Hilfe der Swanepoel-Methode [117]

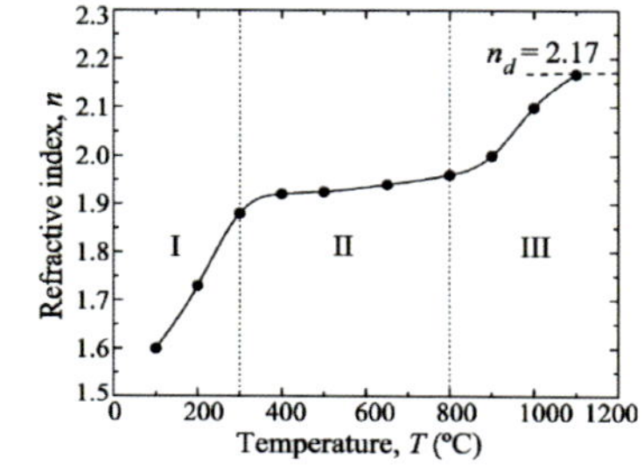

Bild 7-7

Realteil des Brechungsindex von Sol-Gel-ZrO_2-Schichten bei $\lambda = 600$ nm in Abhängigkeit der Temperatur (Haltedauer 2 Stunden) [84]. n_d bezeichnet den Brechungsindex einer vollständig verdichteten Schicht.

7.4 Eingesetzte Analyseverfahren

7.4.1 Kalottenschleifverfahren

Bei dem Kalottenschleifverfahren wird eine Kugel aus einem harten Material (hier 100 Cr 6 Stahl) reproduzierbar mit definierter Umdrehungsgeschwindigkeit und Auflagekraft auf der zu prüfenden Probenoberfläche gedreht (Bild 7-8).

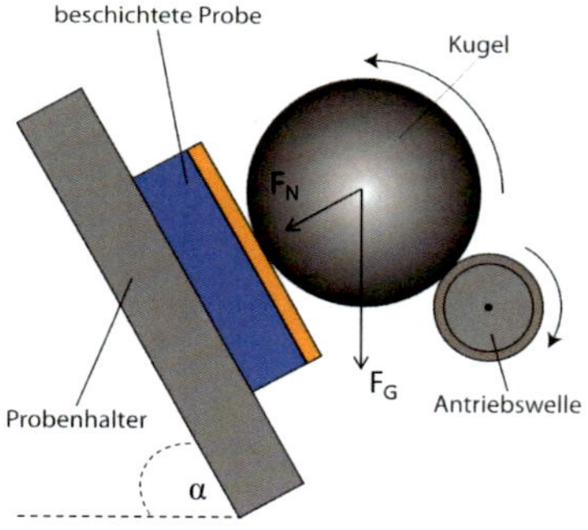

Bild 7-8

Schematische Darstellung des Messaufbaus für das Kalottenschleifverfahren

Die Bewertung des Prüfergebnisses erfolgt durch Auswertung von Mikroskopaufnahmen der eingeschliffenen Kalotten. Der Kalottendurchmesser wird als Maß für die Verschleißfestigkeit herangezogen. Darüber hinaus kann über die Berechnung des Kalottenvolumens V_V eine Verschleißrate gemäß

7.10 $$V_r = \frac{V_V}{s \cdot F_K}$$

mit

s Schleifweg (Funktion von Kugelumfang und Anzahl Umdrehungen)

F_K Auflagekraft der Kugel

ermittelt werden. Im Rahmen der vorliegenden Arbeit wird ein KalomaxNT Kalottenschleifgerät der Firma BAQ eingesetzt. Bei dem hier vorliegenden konstanten Anstellwinkel von α = 60 ° beträgt die Auflagekraft F_N der Stahlkugel (Durchmesser d = 30 mm) $F_N \approx$ 0,54 N [118].

7.4.2 Nanoindentation

Mit Hilfe des Nanoindentationsverfahrens können Informationen über mechanische Eigenschaften wie der Härte und dem Elastizitätsmodul dünner Schichten gewonnen werden. Das Messprinzip beruht dabei analog zu Mikrohärteprüfverfahren auf der Aufbringung einer Diamantspitze auf die zu vermessende Oberfläche. Grundlage aller Indentationshärteprüfverfahren ist gemäß der Norm für die instrumentierte Eindringprüfung DIN EN ISO 14577 [119] die Definition der Eindringhärte (H_{IT}) über den Quotienten der aufgebrachten Maximalkraft zu der Kontaktfläche zwischen zu prüfender Oberfläche und dem Eindringkörper [120].

7.11 $$H_{IT} = \frac{F_{max}}{A(h)}$$

mit

$A(h)$ mit der zu prüfenden Oberfläche in Kontakt befindliche Fläche des Eindringkörpers als Funktion der Eindringtiefe

h Eindringtiefe

Gemäß der DIN EN ISO 14577 wird die Eindringhärte in GPa angegeben. Die entsprechenden Werte können jedoch in die im Zusammenhang mit mechanischen Charakterisierungen übliche Vickershärte HV umgerechnet werden.

Bei der Härteprüfung nach Vickers wird als Diamant-Spitze eine Pyramide mit quadratischer Grundfläche und einem Winkel α = 136° zwischen zwei gegenüberliegenden Flächen verwendet. Die Oberfläche des Eindringkörpers ist dabei eine bekannte Funktion der Eindringtiefe. Man erhält für die Vickershärte

7.12 $$HV = \frac{2F}{d^2}\sin\left(\frac{\alpha}{2}\right)$$

mit

d Diagonale des Pyramideneindrucks
α Pyramidenwinkel
F Prüfkraft

Die Umrechnung der Indentationshärte H_{IT} in Vickershärte HV erfolgt gemäß

7.13 $$HV\left[\frac{kp}{mm^2}\right] = 95{,}53 \cdot H_{IT}[GPa]$$

Eine normgerechte Bezeichnung der gemessenen Härte lautet dann beispielsweise 600 HV 10, wobei an letzter Stelle die Prüfkraft in Kilopond[10] angegeben werden muss. Im Rahmen der vorliegenden Arbeit erfolgt die Angabe der Prüfkräfte aufgrund der teilweise sehr geringen Werte in mN.

Bei dem konventionellen Mikrohärteprüfverfahren nach Vickers erfolgt die Auswertung durch eine optische Vermessung des hinterlassenen Eindrucks. Bei der Nanoindentation ist der erzeugte Eindruck aufgrund der geringen Prüfkräfte von teilweise < 1 mN in der Regel so klein, dass eine optische Auswertung nicht möglich ist. Die Eindringtiefe wird daher durch Anpassung eines mathematischen Modells an den Verlauf der Eindringtiefe in Abhängigkeit der Kraft ermittelt [121, 122].

Eine weitere übliche Definiton der Härte ist die Meyerhärte. Gemäß dieser Definition berechnet sich die Härte H aus dem Quotient der aufgewendeten Kraft und der Fläche, die sich aus der Projektion der Diamant-Spitze auf die Probenoberfläche ergibt. Somit erhält man für die oben bereits erwähnte Vickerspyramide

7.14 $$H = \frac{2F}{d^2}.$$

Die Meyerhärte wird in der Einheit GPa angegeben. Unter Berücksichtigung der verschiedenen Einheiten lässt sich die Vickershärte über

7.15 $$H = \frac{HV}{94{,}6}$$

in die Meyerhärte H umrechnen [120].

Bei der Härtebestimmung von dünnen Schichten ist zu beachten, dass die Eindringtiefe gemäß DIN EN ISO 14577-1 maximal 10% der Schichtdicke

[10] Kilopond: 1 kp = 9,807 N (keine SI-Einheit mehr seit 1978)

betragen darf, damit ein Susbtrateinfluss auf das Messergebnis ausgeschlossen werden kann.

Im Rahmen dieser Arbeit wird ein HM500 Picodentor der Firma Helmut Fischer GmbH (Sindelfingen eingesetzt).

7.4.3 Röntgendiffraktometrie unter streifendem Einfall

Bei der Röntgendiffraktometrie unter streifendem Einfall (Grazing Incidence X-Ray Diffraction, GIXRD) handelt es sich um eine zerstörungsfreie Methode zur Strukturanalyse kristalliner Materialien. Das Messprinzip basiert auf der Ausnutzung von Interferenzerscheinungen, die bei der Reflexion kurzwelliger Röntgenstrahlung an den einzelnen Gitterebenen eines kristallinen Materials auftreten. Anhand des charakteristischen Spektrums der reflektierten Strahlung können beispielsweise die Kristallphase, die Gitterkonstante und die Korngröße der vermessenen Probe ermittelt werden [123] .

Für die Analyse von dünnen Schichten mit Schichtdicken < 300 nm ist der Einsatz der Röntgendiffraktometrie unter streifendem Einfall erforderlich (Bild 7-9). Durch diese Messanordnung wird der bei dem konventionellen Messaufbau aufgrund der großen Eindringtiefe der Röntgenstrahlung naturgemäß große Einfluss des Substratmaterials reduziert und gleichzeitig ein möglichst großes Schichtvolumen ausgestrahlt.

Bild 7-9

Schematische Darstellung der Messanordnung für die Röntgendiffraktometrie unter streifendem Einfall

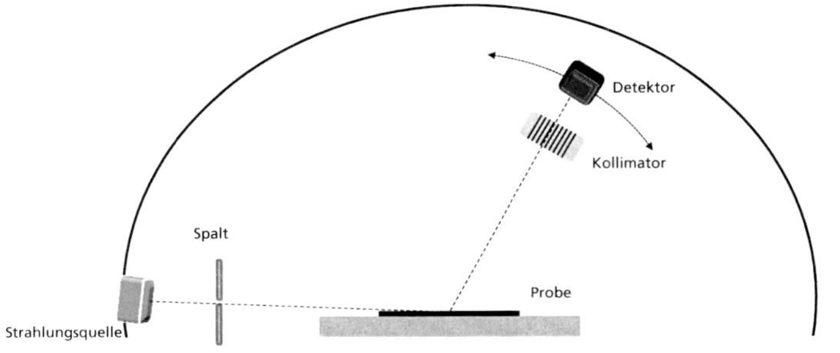

Im Rahmen der vorliegenden Arbeit wird zu diesem Zweck eine X'Pert Anlage der Firma Philips eingesetzt (Bild 7-10). Die eingesetzten Messparameter sind in Tabelle 28 zusammengefasst.

Bild 7-10

Foto der eingesetzten X'Pert Anlage der Firma Philips

Tabelle 28

Messparameter für die XRD-Messung unter streifendem Einfall

Parameter	Wert
Wellenlänge Messstrahlung	λ = 1,54 Å
Maße Messfleck (B x H)	0,06 x 10 mm
Scanbereich (2θ)	25°-55°, 25°-90°
Schrittweite	0,2°
Integrationszeit	2,5 s

Im Rahmen der vorliegenden Arbeit wird dieses Verfahren eingesetzt, um die laserbehandelten Dünnschichten hinsichtlich ihrer Kristallphase und der vorliegenden Korngröße zu untersuchen.

Das gemessene Röntgendiffraktogramm enthält zwei wesentliche Informationen. Die Lage der Intensitätsmaxima gibt Aufschluss über die vorliegende Kristallphase während die Breite der einzelnen Maxima ein Maß für die jeweilige Korngröße darstellt. Je kleiner die einzelnen Kristallite desto mehr Einfluss gewinnen die Randeffekte, die für eine Verbreiterung der Maxima sorgen. Nur ein Einkristall mit großer räumlicher Ausdehnung erzeugt scharfe Intensitätsmaxima. Neben diesem gewünschten Einfluss auf die Breite der Maxima müssen jegliche durch das Gerät selber verursachte Verbreiterungen der Maxima (Fehler optischer Elemente, Divergenz des Röntgenstrahls) berücksichtigt werden, indem Referenzmessungen an Silizium-Einkristallen durchgeführt werden [124, 125].

Die korngrößenabhängige Linienverbreiterung für Kristallite mit einer Ausdehnung von weniger als 100 nm kann durch die Debye-Scherrer-Formel beschrieben werden:

7.16 $$D = \frac{0{,}9 \cdot \lambda}{FWHM \cdot \cos(\theta)}$$

mit

D	mittlere Ausdehnung der Körner in vertikaler Richtung
λ	Wellenlänge der Röntgenstrahlung
$FWHM$	Halbwertsbreite des Intensitätsmaximums
θ	zu dem Maximum gehöriger Bragg-Winkel

Da für die verwendete Cu-K_α-Strahlung die Kohärenzlänge bei ca. 100 nm liegt, ist für Körner mit größerer Ausdehnung die Linienverbreiterung unabhängig von der Korngröße [126, 127].

Die Halbwertsbreite der Intensitätsspitze wird bestimmt, indem die Messdaten im Bereich des Bragg-Reflexes durch eine Pseudo-Voigt-Funktion angepasst werden. Die Pseudo-Voigt-Funktion ist eine Linearkombination der Gauß- und der Lorentz-Funktion. Sie ist durch

7.17 $$I = I_0 \left[\frac{2\mu}{\pi \cdot FWHM} \cdot \frac{1}{1 + 4\left(\frac{\theta - \theta_{\text{Bragg}}}{FWHM}\right)^2} + \frac{2(1-\mu)}{FWHM} \cdot \sqrt{\ln\left(\frac{2}{\pi}\right)} \cdot e^{-4\ln(2)\left(\frac{\theta - \theta_{\text{Bragg}}}{FWHM}\right)^2} \right]$$

gegeben, wobei μ die Anteile von Gauß- und Lorentz-Funktion festlegt [128].

7.4.4 Weißlichtinterferometrie

Die Weißlichtinterferometrie (WIM) wird zur Messung von Oberflächentopologien und Schichtdicken genutzt. Im Rahmen der vorliegenden Arbeit wird dazu ein NewView 200 und ein NewView 7300 der Firma Zygo eingesetzt. Der Messaufbau dieser Geräte ist eine Kombination aus einem Mikroskop und einem Interferometer. Wobei der bewegliche Spiegel des Interferometers in diesem Fall die Probenoberfläche ist. Während der Messung wird der Abstand z zwischen Probenoberfläche und Interferometer in einem vorher definierten Intervall variiert und zu jedem Punkt ein Interferogramm aufgezeichnet. Die Oberflächentopologie ergibt sich aus den z-Werten der Hauptmaxima an jedem Punkt (x,y) des vermessenen Probenbereichs.

Auf Basis dieser Informationen kann durch spezielle Wahl der Messparameter (Tabelle 29) der Mittenrauheitswert R_a gemäß den in VDI/VDE 2602 [8] vorgegebenen Richtlinien ermittelt werden:

7.18

$$R_a = \frac{1}{l}\int_0^l |Z(x)|\, dx$$

mit

l Länge der Messstrecke

$Z(x)$ Höhe der Probenoberfläche entlang der Messstrecke

Tabelle 29

Messparameter für die Rauheitsmessung mittels Weißlichtinter-ferometer

Parameter	Wert
Vergrößerung	5x
FDA Res.	High 2G
Min. Mod.	3%
Filter Type	Robust Gauss Spline
Bandpass-Filter	6,65 µm – 800 µm
Länge der Profillinie	4 mm

Zur Bestimmung der Schichtdicke wird vor der Messung mit Hilfe eines speziell präparierten Skalpells ein Teil der Schicht abgetragen, so dass eine scharfe Kante erzeugt wird. Anschließend werden die Topologieinformationen mit Hilfe der Zygo-Software MetroPro in Form eines Histogramms dargestellt. In diesem Histogramm entsprechen die beiden Häufungspunkte der Substrat- bzw. Schichtoberfläche (Bild 7-11). Die Schichtdicke entspricht somit dem Abstand zwischen den beiden Häufungspunkten.

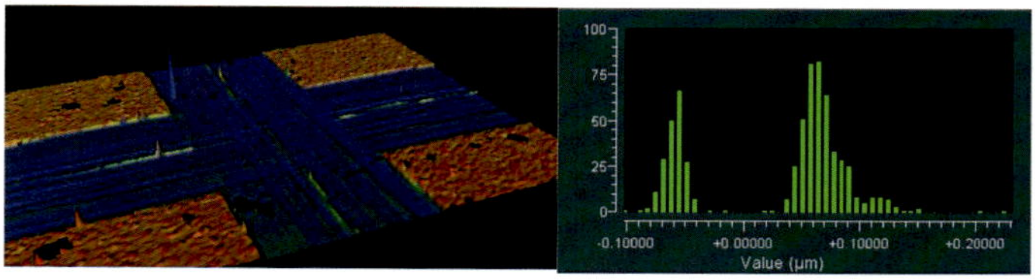

Bild 7-11

3D-Darstellung der aufgenommenen Topologie einer ZrO_2-Sol-Gel-Schicht auf Quarzglas nach Einbringung des Kreuzes mittels Skalpell (links) sowie Histogramm der Messwerte (rechts)

Die Breite der Verteilungsmaxima im Histogramm gibt Aufschluss über die auf der Substrat- bzw- Schichtoberfläche vorliegenden Oberflächenrauheiten $R_{a,Substrat}$ und $R_{a,Schicht}$. Auf Basis dieser Werte wird die Ungenauigkeit der Schichtdickenmessung σ_d ermittelt.

7.19

$$\sigma_d = \sqrt{R_a^2(\text{Substrat}) + R_a^2(\text{Schicht})}$$

Die systematische Messunsicherheit des Geräts in z-Richtung wird durch Messungen an einer Ebenheitsreferenz (Siliziumcarbid, CVD) ermittelt. Diese beträgt ± 3 nm.

7.4.5 UVVISNIR-Spektrometrie

Mit Hilfe des Perkin Elmer Lambda 1050 UVVISNIR Spektrometers (Bild 7-12) werden Transmissions- und Reflexionsspektren beschichteter Proben im Spektralbereich λ = 250 – 2500 nm gemessen. Zu diesem Zweck werden die untersuchten Beschichtungsmaterialien mittels Rotationsbeschichtungsverfahren auf in dem betrachteten Spektralbereich transparente Glas-Substrate (Marienfeld 100000000) aufgebracht.

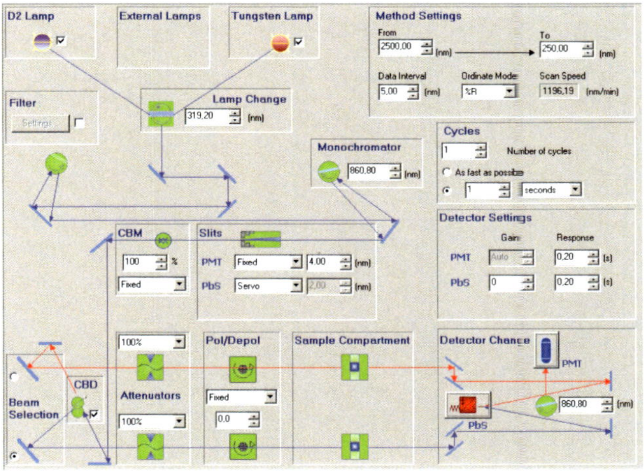

Bild 7-12

Strahlengang und Einstellungen des Lambda 1050 Spektrometers

Gemäß der Beschreibung der Lichtstreuung nach [129] kann die durch die Partikel verursachte Streuung in diesem Fall nicht vernachlässigt werden. Daher wird bei der anschließenden Messung der Spektren eine Ulbricht-Kugel zur Integration der gesamten Streustrahlung verwendet (Bild 7-13).

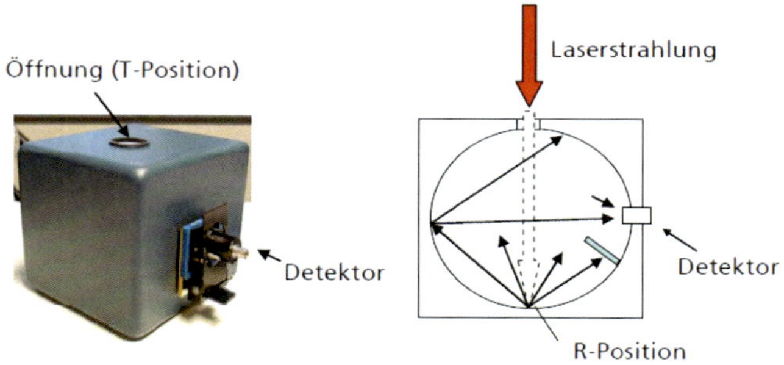

Bild 7-13

Foto einer Ulbricht-Kugel und schematische Darstellung der Transmissionsmessung

Die Innenfläche der Kugel ist mit Spektralon beschichtet. Dieses Material weist über den Spektralbereich von λ = 250 – 2500 nm einen Reflexionsgrad zwischen 92 – 98,5 % auf [130]. Im Falle eines Strahlungseinfalls in die Kugel stellt sich ein Gleichgewicht der Strahlungflussdichte L_S auf der Kugelinnenfläche ein. Diese ergibt sich unter Berücksichtigung der durch Mehrfachreflexionen an der Kugelinnenfläche verursachte Beiträge und die durch die Portöffnungen verursachten Verluste zu [131]:

7.20

$$L_S = \frac{\phi_i}{\pi \cdot A_S} \cdot \frac{\rho_0}{1 - \bar{\rho}}$$

mit

ϕ_i einfallender Strahlungsfluss

A_s Kugelinnenfläche

ρ_0 Reflektionsgrad der ersten Auftrittsfläche

$\bar{\rho}$ Mittlerer Reflexionsgrad der Kugel

Dieser Ausdruck ist unabhängig von dem Ort auf der Kugelinnenfläche und dem Einfallswinkel. Somit ist das mit einem in die Kugeloberfläche eingebrachten Detektor gemessene Signal proportional zu der Strahlungsdichte in der Kugel, die wiederum proportional zu der in die Kugel einfallenden Strahlungsenergie ist.

7.21

$$U \sim L_S$$

mit

U Detektorspannung

Dies ermöglicht die Messung des Reflexionsgrads der Probe ρ_{Probe} relativ zu einer Referenzprobe [85]:

7.22
$$\rho_{Probe} = \frac{U_{Probe}}{U_{Referenz}} \cdot \rho_{Referenz} \cdot \frac{1 - \overline{\rho_{Probe}}}{1 - \overline{\rho_{Referenz}}}$$

mit

$\overline{\rho_{Probe}}$ mittlerer Reflexionsgrad der Kugel mit der Probe

$\overline{\rho_{Referenz}}$ mittlerer Reflexionsgrad der Kugel mit der Referenzprobe

7.5 Transmission und Reflexion von Schichtstapeln

Im Folgenden wird der in Gleichung 3.4 dargestellte Zusammenhang zwischen dem Transmissions- und Reflexionsgrad eines Schichtstapels auf der einen und den beteiligten komplexen dielektrischen Funktionen sowie der Schichtdicke auf der anderen Seite erläutert. Die Herleitung der Zusammenhänge erfolgt auf Basis der in [78] dargestellten Matrixmethode. Diese vereinfachte Darstellung dient lediglich dem Verständnis, alle im Rahmen der Arbeit erfolgten Berechnungen und Modellanpassungen sind mit Hilfe der kommerziell erhältlichen Software Scout erfolgt [77]. Bei den verwendeten spektrometrischen Messverfahren wird darauf geachtet, einen kleinen Einfallswinkel von $\alpha = 8°$ zu realisieren (vgl. Kapitel 7.4.5) Daher wird im Folgenden immer senkrechter Einfall betrachtet. Bild 7-14 zeigt eine vereinfachte Darstellung des betrachteten Schichtsystems.

Bild 7-14

Schematische Darstellung des betrachteten Schichtsystems

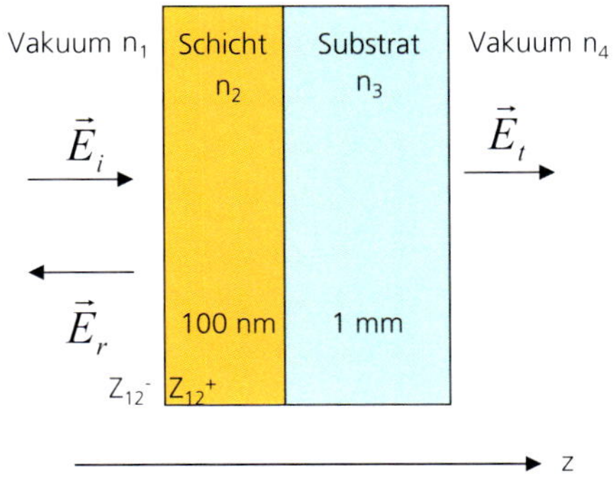

Das elektrische Feld in jeder Schicht des Schichtstapels wird durch die Superposition zweier ebener Wellen beschrieben. Das Feld in der i-ten Schicht lautet:

7.23
$$E_i(x,z,t) = E_i^+ \cdot e^{i(\frac{\omega}{c}N_i z-\omega t)} + E_i^- \cdot e^{i(-\frac{\omega}{c}N_i z-\omega t)}$$

mit

E_i^+ Amplitude der in positive z-Richtung laufenden Welle
E_i^- Amplitude der in negative z-Richtung laufenden Welle
ω Frequenz der Strahlung
c Vakuumlichtgeschwindigkeit
N_i komplexer Brechungsindex der i-ten Schicht

Um den Transmissions- und Reflexionsgrad des Schichtsystems zu berechnen, wird eine Matrix-Methode [78] verwendet, die in der aufeinanderfolgenden Anwendung von zwei Transfer-Operationen besteht.

a) Die Transformation der elektrischen Felder über die Grenzfläche zwischen zwei Schichten des Schichtstapels von rechts nach links, also z. Bsp. Von Ort z_{12}^+ zum Ort z_{12}^-, wird dargestellt durch die Grenzflächenmatrix I_{ij}.

7.24
$$\begin{pmatrix} E_i^+ \\ E_i^- \end{pmatrix}_{z_{ij}^-} = I_{ij} \cdot \begin{pmatrix} E_j^+ \\ E_j^- \end{pmatrix}_{z_{ij}^+}$$

Die Grenzflächenmatrix ist dabei gegeben durch:

7.25
$$I_{ij} = \frac{1}{t_{ij}} \begin{pmatrix} 1 & r_{ij} \\ r_{ij} & 1 \end{pmatrix}$$

r_{ij} und t_{ij} bezeichnen die Fresnelschen Reflexions- bzw. Transmissionskoeffizienten an den entsprechenden Grenzflächen, welche bei senkrechtem Einfall gegeben sind durch:

7.26
$$r_{ij} = \frac{N_i - N_j}{N_i + N_j}$$

$$t_{ij} = \frac{2N_i}{N_i + N_j}$$

mit dem komplexen Brechungsindex der j-ten Schicht:

7.27
$$N_j = n_j + ik_j$$

b) Die Transformation der elektrischen Felder von rechts nach links durch eine Schicht hindurch, also z. Bsp. vom Ort z_{34}^- zum Ort z_{23}^+ wird dargestellt durch die Schichtmatrix L_J. Mit dieser Matrix werden die Abschwächung der Amplitude und die Änderung der Phase der einfallenden Strahlung beim Durchlaufen der j-ten Schicht beschrieben.

7.28

$$\begin{pmatrix} E_i^+ \\ E_i^- \end{pmatrix}_{z_{j-1,j}^+} = L_j \cdot \begin{pmatrix} E_i^+ \\ E_i^- \end{pmatrix}_{z_{j,j+1}^-}$$

Die Schichtmatrix L_j ist gegeben durch:

7.29

$$L_j = \begin{pmatrix} e^{-i\frac{\omega}{c}N_j d_j} & 0 \\ 0 & e^{i\frac{\omega}{c}N_j d_j} \end{pmatrix}$$

Im Folgenden soll das in diesem Kapitel zu entwickelnde Modell dazu dienen, theoretische Werte für den Transmissions- und Reflexionsgrad des in Bild 7-14 dargestellten Schichtsystems zu berechnen, die mit den mittels Spektrometrie gemessenen Werten verglichen werden können. Über den sichtbaren und nahen infraroten Spektralbereich wird im Spektrometer eine Halogenlampe als Lichtquelle verwendet. Die Strahlung dieser Lichtquelle besitzt eine sehr kurze Kohärenzlänge. Bei der Berechnung des Reflexions- und Transmissionskoeffizienten muss allerdings berücksichtigt werden, dass diese kurze Kohärenzlänge für eine kohärente Überlagerung der Teilwellen, die durch die Mehrfachreflexionen in der dünnen Schicht ($d \approx 100$ nm) entstehen, ausreicht. Die Teilwellen, die das Substrat ($d = 1$ mm) durchlaufen haben, müssen jedoch inkohärent mit den Teilwellen überlagert werden, die das Substrat nicht durchlaufen haben, da der Gangunterschied die Kohärenzlänge in diesem Fall überschreitet.

Um dies zu berücksichtigen, wird zunächst die Transfermatrix für die Schicht betrachtet, also die Transformation der elektrischen Felder vom Ort z_{23}^+ zu dem Ort z_{12}^-. Gleichung 7.30 beschreibt die Transformation der elektromagnetischen Felder von rechts nach links durch die Schicht.

7.30

$$T_{ITO} = I_{12} \cdot L_2 \cdot I_{23} = \frac{1}{t_{12}t_{23}} \begin{pmatrix} \frac{1}{\phi_2} + r_{12}r_{23}\phi_2 & \frac{r_{23}}{\phi_2} + \phi_2 r_{12} \\ \frac{r_{12}}{\phi_2} + \phi_2 r_{23} & \frac{r_{12}r_{23}}{\phi_2} + \phi_2 \end{pmatrix}$$

Dabei sind t_{12} und t_{23} die Fresnelschen Transmissionskoeffizienten für die Grenzfläche zwischen Vakuum-Schicht bzw. zwischen Schicht-Substrat. Dementsprechend sind r_{12} und r_{23} die Fresnelschen Reflexionskoeffizienten an den jeweiligen Grenzflächen. Φ_2 beinhaltet die Phaseninformationen und beschreibt die Abschwächung einer Teilwelle beim Durchlaufen der Schicht.

7.31
$$\phi_2 = e^{i\frac{\omega}{c}N_2 d_2} = e^{(i\frac{\omega}{c}n_2 d_2 - \frac{\omega}{c}k_2 d_2)}$$

Betrachtet man von vorne auf den Film fallendes Licht, das auf der Substratseite wieder austritt, so gilt:

7.32
$$\begin{pmatrix} E_i \\ E_r \end{pmatrix} = T_{Schicht} \cdot \begin{pmatrix} E_t \\ 0 \end{pmatrix}$$

Mit den Definitionen des Reflexions- und des Transmissionskoeffizienten kann man dies schreiben als

7.33
$$\begin{pmatrix} 1 \\ r_{13} \end{pmatrix} = T_{Schicht} \cdot \begin{pmatrix} t_{13} \\ 0 \end{pmatrix}$$

Daraus erhält man

7.34
$$t_{13} = \frac{t_{12}t_{23}}{\phi_2^{-1} + r_{12}r_{23}\phi_2}$$

und

7.35
$$r_{13} = \frac{r_{12}\phi_2^{-1} + \phi_2 r_{23}}{\phi_2^{-1} + r_{12}r_{23}\phi_2}.$$

Betrachtet man dagegen Licht, das von der Substratseite auf die Schicht trifft und vorne wieder austritt, so gilt:

7.36
$$\begin{pmatrix} 0 \\ E_t \end{pmatrix} = \begin{pmatrix} T_{11} & T_{12} \\ T_{21} & T_{22} \end{pmatrix} \cdot \begin{pmatrix} E_r \\ E_i \end{pmatrix} = T_{Schicht} \cdot \begin{pmatrix} E_r \\ E_i \end{pmatrix}$$

Daraus folgt wiederum:

7.37
$$t_{31} = \frac{(r_{12}^2 - 1)\cdot(r_{23}^2 - 1)\phi_2}{t_{12}t_{23}(1 + r_{12}r_{23}\phi_2^2)}$$

und

7.38
$$r_{31} = -\frac{r_{23} + r_{12}\phi_2^2}{1 + r_{12}r_{23}\phi_2^2}$$

Damit kann die Transfermatrix durch die Schicht durch die Größen r_{31},r_{13},t_{13} und t_{31} ausgedrückt werden.

7.39
$$T_{Schicht} = \begin{pmatrix} \frac{1}{t_{13}} & -\frac{r_{31}}{t_{13}} \\ \frac{r_{13}}{t_{13}} & \frac{(t_{13}t_{31} - r_{13}r_{31})}{t_{13}} \end{pmatrix}$$

Für die Gesamt-Transformationsmatrix des in Bild 7-14 dargestellten Schichtsystems kann man damit schreiben:

7.40
$$\begin{aligned} T_{ges} &= T_{Schicht}\cdot L_3 \cdot I_{34} \\ &= \frac{1}{t_{13}t_{34}\phi_3}\begin{pmatrix} 1 - r_{31}r_{34}\phi_3^2 & r_{34} - r_{31}\phi_3^2 \\ r_{34}t_{13}t_{31}\phi_3^2 + r_{13}(1 - r_{31}r_{34}\phi_3^2) & t_{13}t_{31}\phi_3^2 + r_{13}(r_{34} - r_{31}\phi_3^2 \end{pmatrix} \end{aligned}$$

wobei L_3 die Transfermatrix durch das Glas-Substrat und I_{34} die Grenzflächenmatrix für den Übergang Substrat-Luft bezeichnen.

Dabei muss berücksichtigt werden, dass die Koeffizienten t_{13},t_{31},r_{13},r_{31} explizit nach den Formeln 7.34,7.35,7.37 und 7.38 berechnet werden müssen.

Es ergibt sich schließlich für die Transmissions- und Reflexionskoeffizienten des Gesamt-Schichtsystems:

7.41
$$t_{14} = \frac{t_{13}t_{34}\phi_3}{1 - r_{31}r_{34}\phi_3^2}$$

und

7.42 $$r_{14} = \frac{r_{13}(r_{31}r_{34}\phi_3^2 - 1) - r_{34}t_{13}t_{31}\phi_3^2}{r_{31}r_{34}\phi_3^2 - 1} = r_{13} + \frac{r_{34}t_{13}t_{31}\phi_3^2}{1 - r_{31}r_{34}\phi_3^2}.$$

t_{34} und r_{34} bezeichnen den Fresnelschen Transmissions- bzw. Reflexionskoeffizienten an der Grenzfläche zwischen Substrat und dem hinter der Probe befindlichen Halbraum. Der Faktor Φ_3 beinhaltet die Phaseninformationen und die Abschwächung der Amplituden beim Durchlaufen des Substrats.

7.43 $$\phi_3 = e^{i\frac{\omega}{c}N_3 d_3} = e^{i\frac{\omega}{c}n_3 d_3 - \frac{\omega}{c}k_3 d_3}$$

Um nun zu berücksichtigen, dass die das Substrat durchlaufenden Teilwellen sich nicht kohärent überlagern, müssen hier die komplexen Koeffizienten durch die Absolutquadrate ersetzt werden.

Der wellenlängenabhängige Reflexions- und der Transmissionsgrad des Schichtsystems lauten damit schließlich:

7.44 $$T = \frac{|t_{13}|^2 |t_{34}|^2 \cdot e^{-2\frac{\omega}{c}k_3 d_3}}{1 - |r_{31}|^2 |r_{34}|^2 \cdot e^{-4\frac{\omega}{c}k_3 d_3}}$$

$$R = |r_{13}|^2 + \frac{|r_{34}t_{13}t_{31}|^2 \cdot e^{-4\frac{\omega}{c}k_3 d_3}}{1 - |r_{31}r_{34}|^2 \cdot e^{-4\frac{\omega}{c}k_3 d_3}}$$

d_2 ist die Schichtdicke der Schicht und d_3=1 mm ist die bekannte Dicke des Glas-Substrats. In 7.44 hat sich der Faktor Φ_3, der die Phaseninformation und die Abschwächung der Amplitude beim Durchlaufen des Substrats beschreibt, zu einem reinen Abschwächungsfaktor reduziert, so dass die Phaseninformationen, wie beabsichtigt, nicht mehr enthalten sind:

7.45 $$|\phi_3|^2 = e^{-2\frac{\omega}{c}k_3 d_3}$$

7.6 Parametrisierung der dielektrischen Funktion für die Ermittlung der Absorptionseigenschaften

Im Rahmen der Scout-Modellierung werden die verschiedenen Absorptionsvorgänge mit Hilfe der folgenden Modellansätze berücksichtigt. Ausführlichere Darstellungen sind in [76, 79] zu finden.

Anregung von Bandübergängen (Beschreibung mittels OJL-Modell [132])

Zur Beschreibung der Strahlungsabsorption durch Bandübergänge wird im Rahmen dieser Arbeit das sogenannte OJL-Modell herangezogen [132]. Im Rahmen dieses nach seinen Autoren O'Leary, Johnson und Lim benannten Modells ist der Absorptionskoeffizient $\alpha(\hbar\omega)$ proportional zum quantenmechanischen Übergangsmatrixelement $|M_{12}|$ zwischen zwei Zuständen mit der Energiedifferenz $\hbar\omega$ und der kombinierten Zustandsdichte $J(\hbar\omega)$ der betrachteten Energieniveaus. Im Rahmen des Modells werden parabolische Energiebänder angenommen.

7.46 $$\alpha(\hbar\omega) \sim |M_{12}|^2(\hbar\omega) \cdot J(\hbar\omega)$$

Aus diesem Ansatz folgen die in Tabelle 30 zusammengefassten Parameter zur Beschreibung der Bandübergänge. Da der Absorptionskoeffizient α lediglich direkt mit dem Imaginärteil der dielektrischen Funktion verknüpft ist, erfolgt die Beschreibung des Realteils mit Hilfe der Kramers-Kronig-Relationen.

Tabelle 30

Modellparameter OJL-Modell

Parameter	Wert
Bandlückenenergie E_g	Energiedifferenz Niveaus, zwischen denen ein Übergang stattfindet
Γ	Faktor zur Beschreibung der Breite des im Modell exponentiell angenommenen Abfalls der Zustände in der Bandlücke
Strength	Zum Betrag der quantenmechanischen Übergangswahrscheinlichkeit proportionaler Faktor

Gitterschwingungen (Beschreibung mittels KIM-Modell [133])

Die bei geringeren Frequenzen für die Absorption elektromagnetischer Strahlung verantwortlichen Schwingungen des Elekronensystems und der Atomkerne werden mit Hilfe des KIM-Modells beschrieben [133]. Dabei handelt es sich um eine Erweiterung des Lorentz-Oszillatormodells durch eine frequenzabhängige Dämpfung[77].

7.47

$$\varepsilon(\omega) = 1 + \frac{C}{\omega_0^2 - \omega^2 - i\gamma(\omega)\omega}$$

mit

C Stärke der beschriebenen Oszillationen

ω_0 Resonanzfrequenz der beschriebenen Oszillation

$\gamma(\omega)$ frequenzabhängige Dämpfung

wobei

$$\gamma(\omega) = \gamma_0 \cdot e^{-\frac{1}{1+\sigma^2}\left(\frac{\omega-\omega_0}{\gamma_I}\right)} \; und$$

$C \sim$ Anzahl beteiligter Ladungsträger

Daraus folgen die in Tabelle 31 zusammengefassten Parameter zur Beschreibung der Oszillationen.

Tabelle 31

Modellparameter KIM-Modell

Parameter	Wert
C	Maß für die Stärke der beschriebenen Oszillation
ω_0	Resonanzfrequenz der Oszillation
γ0	Maß für die Dämpfung
Σ	Parameter zur Beschreibung der Frequenzabhängigkeit der Dämpfung

Beschreibung der dielektrischen Funktion des Schichtmaterials

Da die betrachteten Schichtmaterialien vereinfacht aus einem ZrO_2-basierten Matrixmaterial und einem Absorbermaterial mit unterschiedlichen optischen Eigenschaften bestehen, wird zur Beschreibung der aus der Kombination dieser beiden Materialien resultierenden effektiven dielektrischen Funktion die so genannte Theorie der effektiven Medien eingesetzt [134, 135]. Im Rahmen dieser Theorie werden die dielektrischen Funktionen der Matrix ε_M und der Absorberpartikel ε_A gemäß Gleichung **7.48** verknüpft und so eine effektive dielektrische Funktion ε_{eff} des jeweils untersuchten Materials berechnet.

7.48

$$f\frac{\varepsilon_P - \varepsilon_{eff}}{\varepsilon_P + 2\varepsilon_{eff}} + (1-f)\frac{\varepsilon_M - \varepsilon_{eff}}{\varepsilon_M + 2\varepsilon_{eff}} = 0$$

mit

f Füllfaktor zur Beschreibung des Anteils an Absorberpartikeln

Daraus resultiert als zusätzlicher Parameter für die Beschreibung der dielektrischen Funktion des Schichtmaterials der Füllfaktor f.

7.7 Thermophysikalische Eigenschaften des 100 Cr 6 Stahls

100 Cr 6 Stahlsubstrat

Im Rahmen des aufgestellten Wärmeleitungsmodells werden die betrachteten 100 Cr 6-Stahlsubstrate mit den in Tabelle 32 zusammengefassten temperaturabhängigen, thermophysikalischen Eigenschaften beschrieben [136].

Tabelle 32

Thermophysikalische Eigenschaften 100 Cr 6 (AISI 52100) [136]

Temperatur [°C]	Wärmeleitfähigkeit [W/mK]	Wärmekapazität [kJ/kgK]
0	43,8	466,6
200	41	529,7
400	35,8	612,6
600	29,5	752,6
800	23,4	986,7

7.8 Charakterisierung der verwendeten Laserstrahlquellen

CW-Modul

Bild 7-15 Laserleistungskennlinie des kontinuierlich betriebenen Diodenlasermoduls der Firma Dilas

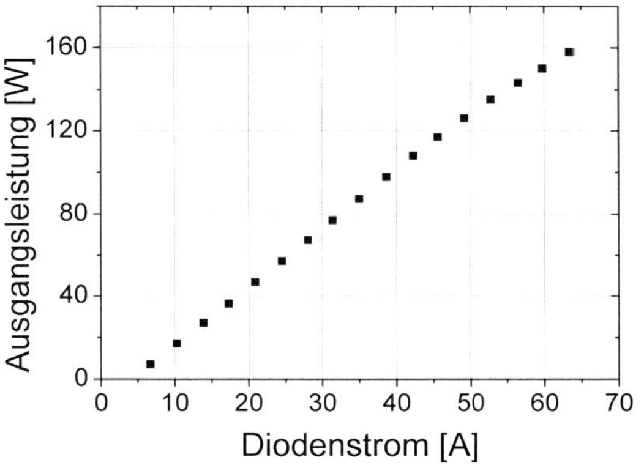

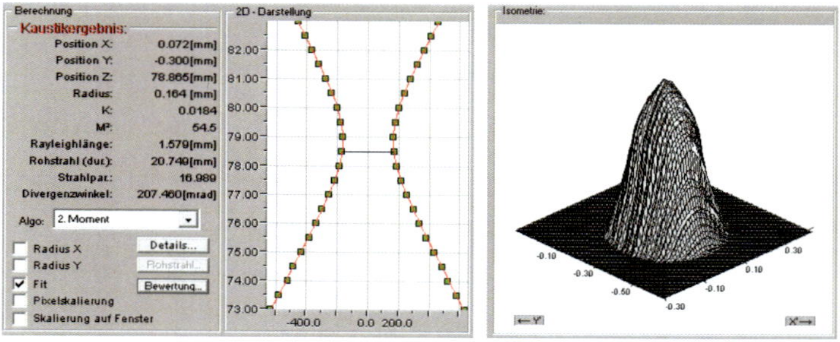

Bild 7-16

Strahlkaustik des CW-Moduls und Intensitätverteilung in der Arbeitsebene mit f = 100 mm F-Theta Objektiv

Pulsmodul

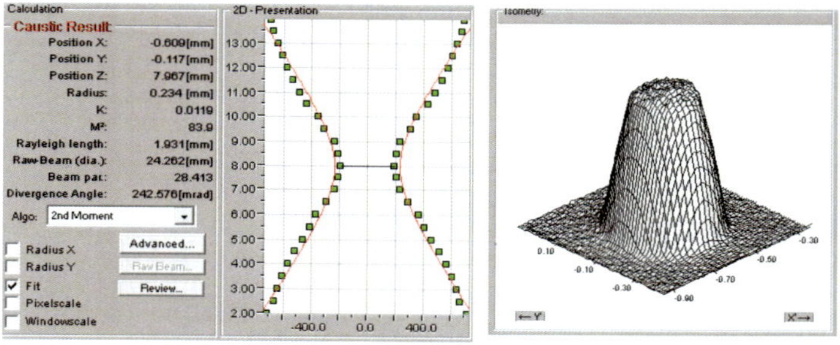

Bild 7-17

Mittels Primes Fokusmontor gemessene Strahlkaustik (links) und isometrische Darstellung der Intensitätsverteilung in der Arbeitsebene (rechts)

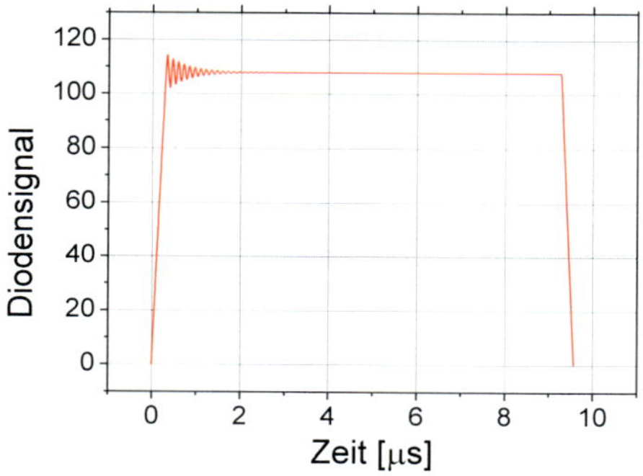

Bild 7-18

Gemessener Pulsverlauf des Pulsmoduls bei einer Pulslänge von 10 μs

Rofin DY 020

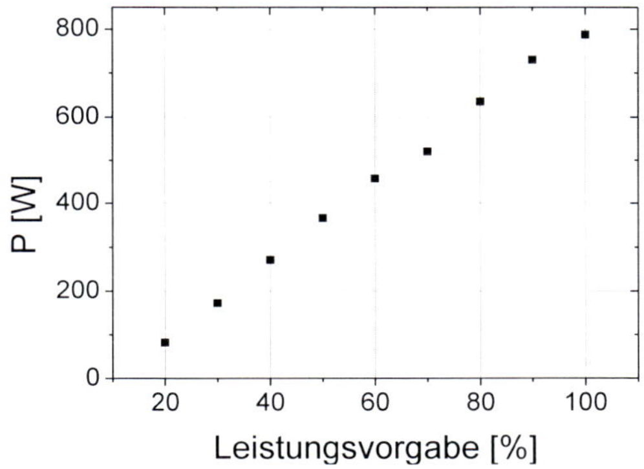

Bild 7-19

Gemessene Laserleistung nach der Fokussierungsoptik in Abhängigkeit der Leistungsvorgabe

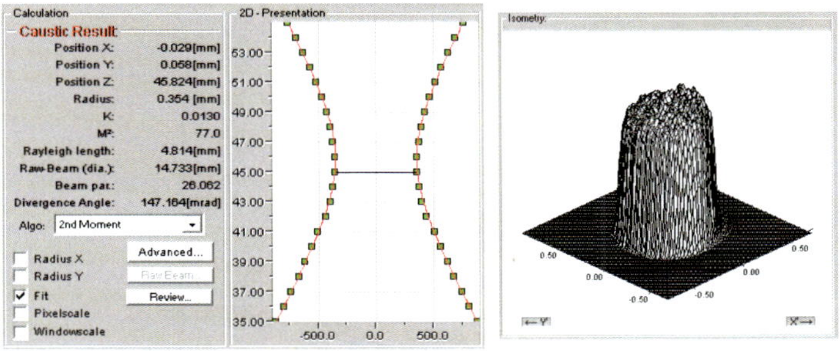

Bild 7-20

Mittels Primes Fokusmonitor gemessene Strahlkaustik (links) und isometrische Darstellung der Intensitätsverteilung im Fokus (rechts)

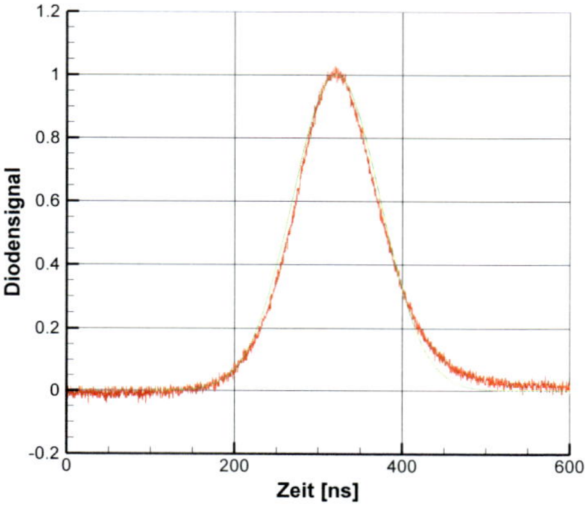

Bild 7-21

Gemessener Pulsverlauf des Rofin DY 020 bei 50 kHz und 100 % Leistungsvorgabe mit gefitteter Gaußfunktion

8 Formelzeichen und Abkürzungen

ρ	Dichte
(111)t	111-Gitterebenenschar einer tetragonalen Kristallstruktur
µl	Mikroliter
2Θ	Reflexionswinkel bei der XRD Messung
a-C:H	amorphe Kohlenstoffverbindung
Al	Aluminium
Al_2O_3	Aluminiumdioxid
$A_{Schicht}$	Absorptionsanteil der Schicht
A_{Stahl}	Absorptionsanteil des Stahlsubstrats
Basissol	Beschichtungsmischung ohne Absorberadditiv
Basissol2R	Beschichtungsmischung mit 2 Gew.-% Absorberadditiv
BasissolR2A	Verdünnte Beschichtungsmischung
BST	Barium Strontium Titanat
bulk Material	Vollmaterial
CO_2	Kohlenstoffdioxid

c_P	Spezifische Wärmekapazität
Cu	Kupfer
CVD	Chemical Vapor Deposition
cw	continuous wave
d	Schichtdicke
D	Diffusionskonstante
d_{Kal}	Kalottendurchmesser
DLC	Diamond Like Carbon
d_S	Strahldurchmesser
d_y	Spurversatz
EDX	Energiedispersive Röntgenspektroskopie
E_P	Pulsenergie
F	Pulsrepetitionsfrequenz
F	Fluenz
Fe_3O_4	Eisenoxid
FEM	Finite Elemente Methode
f_{fok}	Fokussierbrennweite
F_G	Gewichtskraft
FIB	Focused Ion Beam
F_K	Auflagekraft Kugel
f_k	Kollimationsbrennweite
FLA	Flash Lamp Annealing
F_N	Normalkraft
F_{Nano}	Prüflast Nanoindentation
FTIR	Fourier-Transformations-Infrarot-Reflektometrie
FWHM	Engl., Full Width Half Maximum, Halbwertsbreite
g	Parametersatz geringer Energieeintrag
Gew.-%	Gewichtsprozent
GIXRD	Grazing Incidence XRD
h	Parametersatz hoher Energieeintrag
HV	Einheit Vickershärte
I	Intensität
I_L	Intensität der Laserstrahlung
l_{St}	Stößelhub
ITO	Indium-Zinn-Oxid
k	Imaginärteil des Brechungsindex
KBr	Kaliumbromid
m	Parametersatz mittlerer Energieeintrag
MSE	Engl., Mean Squared Error, mittlere quadratische Abweichung
N	Komplexer Brechungsindex
n	Realteil des Brechungsindex

n	Anzahl der pro Stelle abgegebenen Pulse
N_2	Stickstoff
NA	Numerische Apertur
Nd:YAG	YAG dotierte Neodym Kristall
NIR	Nahes Infrarot
Ohm/sq	Flächenwiderstand
P_A	Umgebungsdampfdruck
P_L	mittlere Laserleistung am Werkstück
P_P	Pulsleistung
p_V	Dampfdruck in deponierter Flüssigkeit
PVD	Physical Vapor Deposition
QBA	Faserverbindungstyp
R	Reflexionsgrad
REM	Rasterelektronenmikroskopie
rpm	revolutions per minute
RTA	Rapid Thermal Annealing
s	Schleifweg
SiC	Siliziumcarbid
SiO_2	Siliziumdioxid
SMA	Faserverbindungstyp
t	Zeit
T	Temperatur
T	Transmissionsgrad
TEM	Transmissionselektronenmikroskopie
t_H (T)	Temperaturhaltezeit
$t_{H,akk}$	Durch mehrere Scanvektoren akkumulierte Temperaturhaltezeit
t_{hold}	Verweildauer des Stößels bei dem Pipejet Dosierverfahren
TiAlN	Titanaluminiumnitrid
TiN	Titannitrid
TiO_2	Titandioxid
$T_{M,ZnO,bulk}$	Schmelztemperatur von Zinkoxid Vollmaterial
T_{max}	Maximaltemperatur
t_p	Pulsdauer
UpM	Umdrehungen pro Minute
UVVISNIR	Spektrometrie in dem spektralen Bereich 250 – 2500 nm
v_{DS}	Stößelgeschwindigkeit
Ve'	Verdampfungsgeschwindigkeit
v_r	Verschleißrate
v_{scan}	Scangeschwindigkeit
V_v	Kalottenvolumen
XRD	X-Ray-Diffraction

x_{scan}	Scanvektorlänge
Y2O3	Yttriumoxid
z	Entfernung normal zur Oberfläche
ZnO	Zinkoxid
Zr	Zirkon
Zr(OR)	Zirkoniumatom mit (organischem) Rest
δ_{Diff}	Diffusionslänge
δ_{opt}	optische Eindringtiefe
δ_{temp}	Temperatureindringtiefe
ε	dielektrische Funktion
λ	Wellenlänge
ω	Rotationsgeschwindigkeit

9 Literaturverzeichnis

[1] BMFT, Referat Presse und Öffentlichkeitsarbeit
Damit Rost und Verschleiß nicht Milliarden fressen: Fortschritt durch Forschung,
23 Seiten, 1983

[2] Projektträger Jülich, Forschungszentrum Jülich GmbH
Hochleistungsschichten im Werkstoffprogramm des BMBF - Trends und Potentiale
Report, 166 Seiten, 2006

[3] F.-W.Bach; K.Möhwald; A.Laarmann; T.Wenz
Moderne Beschichtungsverfahren
WILEY-VCH Verlag GmbH & Co. KGaA, 2005, 3-527-30977-2

[4] Wilkes, J. I.
Selektives Laserschmelzen zur generativen Herstellung von Bauteilen aus hochfester Oxidkeramik
Dissertation, RWTH Aachen, 2009

[5] Rother, B.; Vetter, J.
Plasmabeschichtungsverfahren und Hartstoffschichten
Deutscher Verlag für Grundstoffindustrie GmbH, 1992, 3-342-00649-8

[6] Hieke, A.
Diamantähnliche Kohlenstoffschichten (DLC) - verschleißfest und reibarm
Mat.-wiss.u.Werkstofftechn. Vol. 31 , S. 625-628, 2000

[7] C.Jeffrey Brinker; George W.Scherer
Sol-Gel Science
Academic Press, Inc., 1990

[8] Mellor, B. G.
Surface coatings for protection against wear
CRC Press LLC, 2006, 0-8493-2579-X

[9] Lorenz, J.; Schanz, G.; Nold, C.; Konys, J.
Galvanische Abscheidung von Dispersionsschichten und Mikrostrukturen aus Nickel mit AlN-Nanopartikeln zur Verbesserung der mechanischen Eigenschaften
Report, 2006

[10] Jehn, H. A.
Multicomponent and multiphase hard coatings for tribological applications
Surface and Coatings Technology Vol. 131 , S. 433-440, 2000

[11] Nicolaus, M.; Schäpers, M.
Moderne Beschichtungsverfahren, Grundlagen der Dünnschichttechnologie
Wiley-VCH, 2005

[12] Reinhold, E.; Melde, C.; Strümpfel, J.; Gänz, K.
Hochproduktive PVD-Großflächenbeschichtung von Aluminiumbändern zum Zwecke der Reflexionserhöhung
Mat.-wiss.u.Werkstofftechn. Vol. 28 , S. 567-570, 1997

[13] Donnet, C.; Erdemir, A.
Historical developments and new trends in tribological and solid lubricant coatings
Surface and Coatings Technology , S. 76-84, 2004

[14] Hogmark, S.; Jacobson, S.; Larsson, M.
Design and evaluation of tribological coatings
Wear Vol. 246 , S. 20-33, 2000

[15] Seitzman, L. E.
An Overview of advanced surface engineering technologies for protection against wear
Advances in Coatings for Corrosion and Wear Resistant Coatings , 1995

[16] Deock-Soo, C.; Dong Hun, Y.; Dong Hwan, K.; Kyoung, R. H.
Indium Tin Oxide (ITO) Coatings Fabricated using Nanoparticle Slurry and Sol
Journal of the Korean Ceramic Society Vol. 48 No. 6, S. 516-519, 2011

[17] Dislich, H.
Sol-gel technology for thin films, fibers, preforms, electronics, and specialty shapes, Thin films from the sol-gel process
Noyes Publications, 1988

[18] Kursawe, M.; Anselmann, R.; Hilarius, V.; Pfaff, G.
Moderne Beschichtungsverfahren, Beschichtungen über Sol-Gel Prozess
Wiley-VCH, 2005

[19] W.Jackson, A.; L.Hector, A.
A nonoxidic sol–gel route to titanium nitride and carbonitride films by

primary amine condensation
Journal of Materials Chemistry Vol. 17 , S. 1016-1022, 2012

[20] Shane, M.; Mecartney, M. L.
Sol-gel synthesis of zirconia barrier coatings
Journal of Materials Science Vol. 25 , S. 1537-1544, 1990

[21] Zhang, W.; Liu, W.; Wang, Ch.
Effects of solvents on the tribological behaviour of sol-gel Al2O3 films
Ceramics International Vol. 29 No. 4, S. 427-434, 2003

[22] Aegeter, M. A.; Mennig, M.
Sol-Gel Technologies for Glass Production, Kapitel 2: Wet chemical coating technologies
Kluwer academic publishers, 2004

[23] Dislich, H.
Sol-gel technology for thin films, fibers, preforms, electronics and specialty shapes, Chapter 4
Noyers Publ., 1988

[24] Puetz, J.; Aegerter, M. A.
Sol-Gel Technologies for Glas Producers and Users, Kapitel 2.2.1: Dip Coating Technique
Kluwer Academic Publishers, 2004

[25] Dislich, H.; Hinz, P.
History and principles of the sol-gel process, and some new multicomponent oxide coatings
J.Non-Cryst.Solids Vol. 48 No. 11, 1982

[26] Arfsten, N.; Lintnerm B.; Heming, M.; Anderson, O. O.
Laser Densification of Sol-Gel Derived TiO2-Thin Films
Mat.Res.Soc.Symp.Proc. Vol. 271

[27] Aegeter, M. A.; Mennig, M.
Sol-Gel Technologies for Glass Producers and Users, Kapitel 4: Coating and Material Properties
Kluwer Academic Puplishers, 2004

[28] Fiory, A. T.
Methods in Rapid Thermal Annealing
Eighth International Conference on Advanced Thermal Processing of Semiconductors, S. 15-25

[29] Chen, J.; Udayakumar, K. R.; Brooks, K. G.; Cross, L. E.
Rapid thermal annealing of solgel derived lead zirconate titanate thin

films
Journal of Applied Physics Vol. 71, 1992

[30] Prucnal, S.; Sun, J. M.; Muecklich, A.; Skorupa, W.
Flash Lamp Annealing vs Rapid Thermal and Furnace Annealing for Optimized Metal-Oxide-Silicon-Based Light-Emitting Diodes
Electrochemical and Solid-State Letters Vol. 10 No. 2, S. H50-H52, 2007

[31] McMahon, R. A. *et al.*
Flash-lamp annealing of semiconductor materials - Applications and process models
Vacuum Vol. 81 , S. 1301-1305, 2007

[32] Lu, H. *et al.*
Effects of laser irradiation on the structure and optical properties of ZnO thin films
Materials Letters Vol. 64 , S. 2072-2075, 2010

[33] Hong, L.; Wang, X. C.; Zheng, H. Y. H. L.; Wang, H. Y. H. Y. R.
Femtosecon laser induced nanocone structure amd simultaneous crystallization of 1.6 µm amorphous silicon thin film for photovoltaic application
J.Phys.D: Appl.Phys. Vol. 46, 2013

[34] De Cesare, G. *et al.*
Crystallization of amorphous silicon carbide thin films by laser treatment
Surface and Coatings Technology Vol. 80 , S. 237-241, 1996

[35] Baum, M. *et al.*
Efficient laser induced consolidation of nanoparticulate ZnO thin films with reduced thermal budget
Appl.Phys.A Vol. 107 , S. 269-273, 2012

[36] C.Vedder; J.Stollenwerk; N.Pirch; K.Wissenbach
Production technology for transparent and conducting nano layers
Proc. of the 27th Int. Conf. on Applications of Lasers and Electro-Optics 2008, ICALEO, Temecula/CA.October 20th-23rd, Paper N303

[37] De Hosson, J. T. M.; Teeuw, D. H. J.
Nanoceramic coatings produced by laser treatment
Surface Engineering Vol. 15 No. 3, S. 235-241, 1999

[38] Teeuw, D. H. J.; de Haas, M.; De Hosson, J. T. M.
Residual stress fields in sol-gel-derived thin TiO2 layers
Journal of Materials Research Vol. 14 No. 5, S. 1896-1903, 1998

[39] Shaw, D. J.; King, T. A.
Densification of sol-gel silica glass by laser irradiation
SPIE Sol-Gel Optics 1990 Vol. 1328

[40] Sundar, M.; Kamara, A. M.; Mativenga, P. T.; Li, L.
Synthesis of TiAlN based coatings on mild steel substrate using combined laser/sol-gel technique
Surface and Coatings Technology Vol. 204 , S. 2539-2545, 2010

[41] Ezz, T.; Crouse, P.; Li, L.; Liu, Z.
Synthesis of TiN thin films by a new combined laser/sol-gel processing technique
Applied Surface Science Vol. 253 , S. 7903-7907, 2007

[42] Chen, X. *et al.*
Fabrication of Multilayer Pb(Zr0.53Ti0.47)O3 Film Crystallized by Laser Annealing
Japanese Journal of Applied Physics Vol. 52 , 2013

[43] De Hosson, J. T. M.; Popma, R.
Sintering characteristics of nano-ceramic coatings
Defect and Diffusion Forum Vol. 218-220, S. 51-66, 2003

[44] Ronald Leo Wim Popma
Sintering Characteristics of nano-ceramic Coatings
Universität Groningen, 2002

[45] Taylor, D. J.; Fabes, B. D.
Laser processing of sol-gel coatings
Journal of Non-Crystalline Solids Vol. 147 - 148 , S. 457-462, 1992

[46] Fischmeister, H.; Jehn, H.
Hartstoffschichten zur Verschleißminderung
DGM Informationsgesellschaft Verlag, 1986, 3-88355-114-7

[47] Brand, J.; Schäfer, L.
Harte tribologische Schichten - Innovative Schmierstoffe der Zukunft
Generic, 2013

[48] Ardlin, B. I.
Transformation-toughened zirconia for dental inlays, crowns and bridges: Chemical stability and effect of low-temperature aging on flexural strength and surface structure
Dental Materials Vol. 18 , S. 590-595, 2001

[49] Denry, I.; Kelly, J. R.
State of the art of zirconia for dental applications
Dental Materials Vol. 24 , S. 299-307, 2008

[50] Hasanuzzaman, M.; Rafferty, A.; Olabi, A. G.; Prescott, T.
Sintering and characterisation of nano-sized yttria-stabilised zirconia
Int. J. Nanoparticles Vol. 1 No. 1, S. 50-65, 2008

[51] A.Díaz-Parralejo; A.L.Ortiz; R.Caruso
Effect of sintering temperature on the microstructure and mechanical properties of ZrO2-3 mol%Y2O3 sol-gel films
Ceramics International Vol. 36 , S. 2281-2286, 2010

[52] Kelly, P. M.; Rose, L. R. F.
The martensitic transformation in ceramics - its role in transformation toughening
Prog.Mater.Sci. Vol. 47 No. 5, S. 463-557, 2002

[53] Zhang, M. X.; Kelly, P. M.
Crystallographic features of phase transformations in solids
Prog.Mater.Sci. Vol. 54 No. 8, S. 1101-1170, 2009

[54] Diaz-Parralejo, A.; Ortiz, A. L.; Rodriguez-Rojas, F.; Guiberteau, F.
Effect of sintering atmosphere on the hardness of sol-gel films of 3 mol% Y2O3-stabilized ZrO2
Thin Solid Films Vol. 518 , S. 2779-2782, 2010

[55] De Hosson, J. T. M.; Hooijmans, J.; Popma, R.
Sintering behaviour of nanoceramic coatings
Surface Engineering Vol. 16 No. 3, S. 245-249, 2000

[56] Chen, Y.; Liu, W.
Characterization and Investigation of the Tribological Properties of Sol-Gel Zirconia Thin Films
J. Am. Ceram. Soc. Vol. 85 No. 9, S. 2367-2369, 2002

[57] Atik, M.; Aegerter, M. A.
Corrosion resistant ZrO2 Sol-Gel coating on stainless steel
Mat. Res. Soc. Symp.Proc. Vol. 271

[58] Shane, M.; Mecartney, M. L.
Sol-gel synthesis of zirconia barrier coatings
Journal of Materials Science Vol. 25 , S. 1537-1544, 1990

[59] Mehner, A.; Klümper-Westkamp, H.; Hoffmann, F.; Mayr, P.
Crystallization and residual stress formation of sol-gel-derived zirconia films
Thin Solid Films Vol. 308-309 , S. 363-368, 1997

[60] Parashar, V. K.; Raman, V.; Bahl, O. P.
Thermal evolution of sol-gel derived zirconia and binary oxides of

zirconia-silica
Journal of Materials Science Letters Vol. 15 , S. 1625-1629, 1996

[61] del Monte, F.; Larsen, W.; Mackenzie, J. D.
Stabilization of Tetragonal ZrO2 in ZrO2-SiO2 Binary Oxides
J.Am.Ceram.Soc. Vol. 83 No. 3, S. 628-634, 2000

[62] Garvie, R. C.
The Occurence of Metastable Tetragonal Zirconia as a Crystallite Size Effect
The Journal of Physical Chemistry, 1964

[63] Heiroth, S.; Ghisleni, R.; Lippert, T.; Michler, J.; Wokaun, A.
Optical and mechanical properties of amorphous and crystalline yttria-stabilized zirconia thin films prepared by pulsed laser deposition
Acta Materialia Vol. 59 , S. 2330-2340, 2011

[64] Uhlmann, I.; Hawelka, D.; Hildebrandt, E.; Pradella, J.; Rödel, J.
Structure and mechanical properties of silica doped zirconia thin films
Thin Solid Films Vol. 527 , S. 200-204, 2013

[65] Nouri, E.; Shahmiri, M.; Rezaie, H. R.; Talayian, F.
A comparative study of heat treatment temperature influence on the thickness of zirconia sol-gel thin films by three different techniques: SWE, SEM and AFM
Surface & Coatings Technology Vol. 206 , S. 3809-3815, 2012

[66] Picquart, M. *et al.*
Dehydration and Crystallization Process in Sol-Gel Zirconia
Journal of Thermal Analysis and Calorimetry Vol. 76 , S. 755-761, 2004

[67] Srinivasan, R.; De Angelis, R. J.; Ice, G.; Davis, B. H.
Identification of tetragonal and cubic structures of zirconia using synchroton x-radiation source
Journal of Material Research Vol. 6 No. 6, S. 1287-1292, 1991

[68] Aguilar, D. H.; Torres-Gonzalez, L. C.; Torres-Martinez, L. M.
A Study of the Crystallization of ZrO_2 in the Sol-Gel System: ZrO_2-SiO_2
Journal of Solid State Chemistry Vol. 158, S. 349-357, 2000

[69] Wever, F.; Rose, A.; Peter, W.; Strassburg, W.; Rademacher, L.
Atlas zur Wärmebehandlung der Stähle
Verlag Stahleisen M.B.H., 1961

[70] Deutsche Edelstahlwerke GmbH
Datenblatt Cr-legierter Wälzlagerstahl 1.3505 (100Cr6)
Data File, 2011

[71] Hawelka, D.; Stollenwerk, J.; Pirch, N.; Wissenbach, K.; Loosen, P.
Improving surface properties by laser-based drying, gelation, and densification of printed sol–gel coatings
J. Coat. Technol. Res. 2013

[72] Wissenbach, K.
Umwandlungshärten mit CO_2-Laserstrahlung
Technische Hochschule Darmstadt, 1985

[73] *AISI 52100 Alloy Steel*
Data File, 2012

[74] Fox, M.
Optical Properties of Solids
Oxford University Press, 2001, 978-0-19-850612-6

[75] Poprawe, R.
Lasertechnik I, Skript zur Vorlesung Lasertechnik
RWTH Aachen, 1998

[76] Theiss, W.
Optical Properties of porous silicon
Surface Science Reports Vol. 29 , S. 91-192, 1996

[77] Theiss, W.
Hard and Software for Optical Spectroscopy
Dr. Bernhard-Klein-Str. 110, 52078 Aachen, Germany, 2009,

[78] Harbecke, B.
Coherent and Incoherent Reflection and Transmission of Multilayer Structures
Appl. Phys. B Vol. B 39 , S. 165-170, 1986

[79] Vedder, C.
Hochgeschwindigkeits-Laserfunktionalisierung gedruckter, nanopartikulärer Schichten am Beispiel von Indium-Zinn-Oxid
RWTH Aachen University, 2013

[80] Press; Teukolsky; Vetterling; Flannery
Downhill Simiplex Method in Multidimensions
Cambridge University Press, 1988

[81] Kott, A. K.
Zum Trag- und Resttragverhalten von Verbundsicherheitsglas
ETH Zürich, 2006

[82] Schmid, M. *et al.*
Measuring optical properties on rough and liquid metal surfaces
Advanced Laser Technolohies, Thun, Switzerland

[83] Ordal, M. A. *et al.*
Optical properties of the metals Al, Co, Cu, Au, Fe, Pb, Ni, Pd, Pt, Ag, Ti and W in the infrared and far infrared
Report, 1985

[84] Diaz-Parralejo, A.; Caruso, R.; Ortiz, A. L.; Guiberteau, F.
Densification and porosity evaluation of ZrO_2-3 mol.% Y_2O_3 sol-gel thin films
Thin Solid Films Vol. 458, S. 92-97, 2004

[85] Morsbach, C.
Analyse des Temperatur- und Spannungsfeldes beim Selective Laser Melting von thermosensitiven Werkstoffen
Diplomarbeit an der Rheinisch-Westfälisch Technische Hochschule Aachen, 2012

[86] Stähli, G.; Schlicht, H.; Schreiber, E.
Die Impulshärtung von Stahl
Data File, 1976

[87] Schmitz-Justen, C.
Einordnung des Laserstrahlhärtens in die fertigungstechnische Praxis
RWTH Aachen University, 1986

[88] *Zirconium Oxide monoclinic*
Data File, 1999

[89] Ortmann, J.
Scan2D
Computer Program, 2011

[90] *Zirconium Oxide 00-042-1164*
Data File, 2014

[91] Teufer, G.
Acta Crystallogra. Vol. 15 No. 1187, 1962

[92] *Iron Oxide Fe_3O_4*
Data File, 1999

[93] Mehrer, H.
Diffusion in Solids
Springer Verlag, 2007, 978-3-540-71486-6

[94] Ramappa, D. A.; Henley, W. B.
Diffusion of Iron in Silicon Dioxide
Journal of the Electrochemical Society Vol. 146 No. 10, S. 3773-3777, 1999

[95] *Iron Oxide Fe_3O_4*
Data File, 1999

[96] *Iron Oxide Fe_3O_4*
Data File, 1999

[97] Wildan, M.; Edrees, H. J.; Hendry, A.
Ceramic matrix composites of zirconia reinforced with metal particles
Materials Chemistry and Physics Vol. 75, S. 276-283, 2002

[98] Tarabay, J.; Peres, V.; Serris, E.; Valdivieso, F.; Pijolat, M.
Zirconia matrix composite dispersed with stainless steel particles: processing and oxidation behavior
Journal of the European Ceramic Society Vol. 33 No. 6, S. 1101-1110, 2013

[99] Riegger, L.; Steinert, C.; Koltay, P.
Abschlussbericht zum Teilvorhaben "Druckverfahren und -systemtechnik" im Verbundprojekt "Funktionalisieren du?nner, nanopartikula?rer Schichten auf empfindlichen Stahlwerkstoffen mittels brillanter Diodenlaserstrahlung (FunLas) : Berichtszeitraum: 01.09.2008 - 31.08.2011, Förderkennzeichen 13N9662
Report, 2011

[100] Brinker, C. J.; Scherer, G. W.
Sol-Gel Science, Kapitel 8: Drying
Academic Press, Inc., 1990

[101] Deegan, R. D. *et al.*
Capillary flow as the cause of ring stains from dried liquid drops
Nature Vol. 389, S. 827-829, 1997

[102] Bornside, D. E.; Macosko, C. W.; Scriven, L. E.
On the modeling of spin coating
Journal of Imaging Technology Vol. 13 No. 4, S. 122-130, 1987

[103] Brinker, C. J.; Scherer, G. W.
Sol-Gel Science, Kapitel 13: Film Formation
Academic Press, Inc., 1990

[104] Meyerhofer, D.
Characteristics of resist films produced by spinning
Journal of Applied Physics Vol. 49 No. 7, S. 3993-3998, 1978

[105] Vorotilov, K.; Petrovsky, V.; Vasiljev, V.
Spin Coating Process of Sol-Gel Silicate Films Deposition: Effect of Spin Speed and Processing Temperature
Journal of Sol-Gel Science and Technology Vol. 5 , S. 173-183, 1995

[106] *Pixdro Inkjet Technology*
Catalog, 2012

[107] Streule, W.; Lindemann, T.; Birkle, G.; Zengerle, R.; Koltay, P.
PipeJet: A Simple Disposable Dispenser for the Nano- and Microliter Range
Journal of the Association for Laboratory Automation No. October, S. 300-306, 2004

[108] Atkinson, A.; Doorbar, J.; Hudd, A.; Segal, D. L.; White, P. J.
Continuous Ink-Jet Printing Using Sol-Gel "Ceramic" Inks
Journal of Sol-Gel Science and Technology Vol. 8 , S. 1093-1097, 1997

[109] Arin, M. *et al.*
Inkjet Printing of photocatalytically active TiO2 thin films from water based precursor solutions
Journal of the European Ceramic Society Vol. 31 , S. 1067-1074, 2011

[110] Brinker, C. J.; Hurd, A. J.; Schunk, P. R.; Frye, G. C.; Ashley, C. S.
Review of sol-gel thin film formation
Journal of Non-Crystalline Solids Vol. 147 & 148 , S. 424-436, 1992

[111] Brinker, C. J.; Scherer, G. W.
Sol-Gel Science, Kapitel 7: Theory of Deformation and Flow in Gels
Academic Press, Inc., 1990

[112] Sakka, S.; Kamiya, K.; Makita, K.; Yamamoto, Y.
Formation of sheets and coating films from alkoxide solutions
Journal of Non-Crystalline Solids Vol. 63 No. 1-2, S. 223-235, 1984

[113] Lee, C.; Spirin, V.; Song, H.; No, K.
Drying temperature effects on microstructure, electrical properties and electro-optic coeffecients of sol-gel derived PZT thin films
Thin Solid Films Vol. 340 , S. 242-249, 1999

[114] Kim, K.-T.; Kim, C.-I.
The effects of drying temperature on the crystallization of YMnO3 thin films prepared by sol-gel method using alkoxides
Journal of the European Ceramic Society Vol. 24 , S. 2613-2617, 2004

[115] Stöcker, C.; Schneider, M.; Baiker, A.
Zirconia Aerogels and Xerogels: Influence of Solvent and Acid on

Structural Properties
Journal of Porous Materials Vol. 2 , S. 171-183, 1995

[116] Brodsky, C. J.; Ko, E. I.
Effect of supercritical drying temperature on the properties of zirconia, niobia and titania.silica aerogels
Journal of Non-Crystalline Solids Vol. 186, S. 88-95, 1995

[117] Sanchez-Gonzales, J.; Diaz-Parralejo, A.; Ortiz, A. L.; Guiberteau, F.
Determination of optical properties in nanostructured thin films using the Swanepoel method
Applied Surface Science Vol. 252 , S. 6013-6017, 2006

[118] *Präzisionsverschleißtester kaloMAX NT - Handbuch*
BAQ GmbH, Bienroder Weg 53, 38108 Braunschweig, 2010,

[119] *DIN EN ISO 14577-1, Instrumentierte Eindringprüfung zur Bestimmung der Härte*
und anderer Werkstoffparameter
Generic, 2012

[120] Fischer-Cripps, A. C.
Nanoindentation
Springer Science+Business Media, LLC, 2004, ISBN 978-0-387-22045-1

[121] M.F.Doerner; W.D.Nix
A method for interpreting the data from depth-sensing indentation instruments
Journal of the Materials Research Society Vol. 1 No. 4, S. 601-609, 1986

[122] W.C.Oliver; G.M.Pharr
An Improved technique for determining hardness and elastic modulus using load and displacement sensing indentation experiments
Journal of the Materials Research Society Vol. 7 No. 6, S. 1564-1583, 1992

[123] *Zerstörungsfreie Prüfung - Röntgendiffraktometrie von polykristallinen und amorphen Materialien - Teil 3: Geräte; Deutsche Fassung*
DIN EN 13925-3, 2005

[124] Jan Wördenweber
Growth & characterisation of transparent conducting thin films by high power pulsed magnetron sputtering (HPPMS)
Rheinisch-Westfälische Technische Hochschule Aachen, 2011

[125] Langford, J.
A rapid method for analysing the breadths of diffraction and spectral

lines using the Voigt function
Journal of Applied Crystallography Vol. 11 No. ¯, S. 10-14, 1978

[126] Achim Breitling
Optimierung der Leitfähigkeit dünner Silberschichten
RWTH Aachen, 1. Physikalische Institut A, 2004

[127] Djurado, E.; Bouvier, P.; Lucazeau, G.
Crystallite Size Effect on the Tetragonal-Monoclinic Transition of Undoped Nanocrystalline Zirconia Studied by XRD and Raman Spectrometry
Journal of Solid State Chemistry Vol. 149 No. 2, S. 399-407, 2000

[128] Thompson, P.; Cox, D. E.; Hastings, J. B.
Rietveld refinement of Debye-Scherrer synchrotron X-ray data from Al_2O_3
Journal of Applied Crystallography Vol. 20 No. 2, S. 79-83, 1987

[129] Mie, G.
Beiträge zur Optik trüber Medien, speziell kolloidaler Metallösungen
Annalen der Physik Vol. Vierte Folge, Band 25 , 1908

[130] Labsphere Inc.
Optical-Grade Spectralon Material
Report, 2 A.D.

[131] *A Guide to Integrating Sphere Theory and Applications*
Internet Communication, 2012

[132] O`Leary, K.; Johnson, S. R.; Lim, P.
The relationship between the distribution of electronic states and dthe optical absorption spectrum of an amorphous semiconductor: An empirical analysis
J.Appl.Phys. Vol. 82 No. 7, S. 3334-3340, 1996

[133] Kim, C.; Garland, J. W.
Modeling the optical dielectric function of semiconducters: Extension of the critical-point parabolic-band approximation
Physical Review B Vol. 45 No. 20, S. 749-767, 1991

[134] Theiss, W.
Optische Eigenschaften inhomogener Materialien
RWTH-Aachen, 1989

[135] Bruggeman, D. A. G.
Dielektrizitätskonstanten und Leitfähigkeiten der Mischkörper aus isotropen Substanzen
Annalen der Physik Vol. 24, 1935

[136] Surm, H.; Kessler, O.; Hoffmann, F.; Zoch, H.-W.
Manufacturing Residual Stress States in Heat Treatment Simulation of Bearing Rings
Mat.-wiss. und Werkstofftech. Vol. 37 No. 1, S. 52-57, 2006

FSC
www.fsc.org
MIX
Papier | Fördert
gute Waldnutzung
FSC® C083411

Kolibri 360 GmbH
Ferdinand-Jühlke-Straße 7
99095 Erfurt, Deutschland
produktsicherheit@kolibri360.de